把「吃什麼」的權力要回來

掰掰孟山都，世界公民的糧食覺醒運動

瑞秋・舒曼 Rachel Schurman　威廉・孟若 William A. Munro

作者　瑞秋・舒曼
譯者　池思親

Fighting for the Future of Food
Activists versus Agribusiness in the Struggle over Biotechnology

各界推薦

「本書易聯想到李奧波所提醒的：最初倫理觀念是處理人與人之間的關係，『摩西十戒』就是一例。後來倫理觀念演變為處理個人與社會關係……，但迄今還沒有一種處理人與土地，以及人與土地上成長的動物植物之間關係的倫理觀念。核能、基因改造、規模大到人無法控制的開發案，都反映了當代人與土地越來越疏遠。本書提醒讀者面對與思考這些相關問題。」

——綠黨2013-2015中評委　文魯彬

「在基改發展的洪流裡，是贊成還是反對？此書記錄基因改造食品在世界各國發展的相關事件始末，以更客觀及多元的角度讓你認識基因改造食品，並重新省思基因改造食品存在的意義與價值。」

——國立屏東科技大學農學院院長　吳明昌

「因為基改生物、食品的安全和未來影響的不確定性，質疑和挑戰將是無可避免且有增無減。未來的食物誰決定？詳細分析生物科技、反基改的全球運動和社會脈絡，也再次提醒世人糧食主權的重要，絕不容許由孟山都決定我們未來的食物，孟山都也沒有權利宣示任何生命的主權。」

——綠色陣線執行長　吳東傑

「本書奠基於一個精彩絕倫的科技與社會研究（STS），作者抽絲剝繭帶領讀者走入『基改科技產業社群』與『反基改行動者社群』的世界觀，看這兩個社群何以對立，以及反基改行動者如何透過南北串連回擊跨國的基改科技產業。作者說故事的能力極佳，一開始閱讀即不能罷手！這本書除了推薦給關心糧食主權的朋友，更推薦給在各種社會運動中尋找策略的朋友。」

——新竹教育大學環境與文化資源學系副教授　張瑋琦

「基因改造是繼綠色革命之後第二波的生物農業科技創新。然而隨著基改作物全球種植面積的穩定上升，其環境與健康風險的疑慮也逐漸成真。本書探討跨國大企業與民間團體之間的對抗，解釋何以少數反基改人士能讓歐洲態度丕變而改採對基改不友善的立場，在美國沒那麼成功，而在非洲則發展出不同的故事。作者對基改科技及產品的態度較為中性，但也點出社會運動改變基改科技面貌的關鍵點。以這樣的觀點切入，本書在基改產業的書中獨樹一幟；引人入勝的寫法，讀起來令人欲罷不能。」

——台大農藝學系教授　郭華仁

「二十一世紀前十年基因改造食物怎樣變成大爭議？贊成方有推動基因工程為糧食增產的產官學與公關媒體，反對方有小農權益、環境正義與消費選擇的社會運動『行動份子』的串連。本書記錄了信仰科技的菁英主流與人權與環境正義的意識的對抗，推薦給關心糧食與子孫未來的讀者。」

——主婦聯盟環境保護基金會董事　黃淑德

「關於台灣基改食物遍佈，即使是青少年放學買一杯珍珠奶茶解渴，可能也不知道珍珠奶茶中所加的那一匙果糖，正是基因改造玉米所萃取的。更不要忽略了，當青年學子回到家中，與家人開心的聚餐，餐桌上青菜豆腐湯其實也未必健康，因為豆腐多是進口黃豆所釀製的，而台灣所進口的黃豆90%以上皆是基因改造。原來台灣所面臨的糧食主權危機，除了低至32%的糧食自給率之外，也時時刻刻面臨了基改作物在餐桌上流竄的壓力，可能許多朋友多半假設工業國家不會在乎農業與糧食主權，但事實如此嗎？事實上歐盟國家反對基改作物進口，主張工業與農業一樣重要，工業革命的英國糧食自給率達70%、德國的糧食自給率接近90%，並且由歐洲小農（家庭農場佔65%）所生產的，而非大型農場。

很開心看到這本書從生物科技的研究、國際農糧資本集團的控制、乃至全球各國人民投入反基改的各式運動，把我們長期忽略的生活經驗具體呈現，此刻或許正是我們從食物開始創造更好未來的起點。」

——世新社發所助理教授／台灣農村陣線秘書長　蔡培慧

「對任何關心基改作物或食品安全的讀者來說，這都是一本不容錯過的精彩好書。在這個生物科技發展一日千里的時代裡，無論您是堅信科技救世的樂觀主義者，或是擔憂科學濫用的審慎主義者，都能夠從本書中找到清楚的脈絡與對話的盲點，進而重新省思誰有權力為我們決定食物的未來？」

——青松米・穀東俱樂部農伕　賴青松

目錄

前言

百家爭鳴的生物科技產業

二〇〇一年十月，在微涼的清晨瑞秋搭上開往首府華盛頓的火車，參加名為「生物科技未來」的一場會議。會議在豪華的文藝復興華盛頓飯店召開，主辦單位是美國食品與藥品法律協會（Food and Drug Law Institute, FDLI），由三個先前代表美國食品與農產業的組織贊助。受邀名單中有各界代表，包括食品與藥品產業、美國政府機構、農業生物科技公司、投資銀行、顧問公司、私人機構與媒體等。

孟山都公司（Monsanto）營運長修·葛蘭特（Hugh Grant）發言前，即使是午餐時間，空氣中已然瀰漫著一股緊張的氣氛。公司顧問布魯斯·史濟林（Bruce Skillings）以一則語帶諷刺的小玩笑開始發言：「未來不再是它從前的樣子了[1]。」他接下去說，儘管大多數報告顯示當今的食物安全系統「為生物科技食品提供保障，讓它們『至少』和傳統食品一樣安全」，有些團體還是難以接受生物科技食品。拉莉莎·露鄧寇（Larisa Rudenko）是華盛頓某顧問公司執行長，也質疑生物科技產業是否足以吸引投資客。她認為這項產業亟需做出更多努力，提振大眾與顧客對基因改造（genetically modified, GM）食品的觀感與接受度。她警告若不這麼做，「就再也不會有資金（指創投資金，venture capital），一旦沒有資金，就再也沒有農業生物科技產業了。」

一股危機感籠罩著整場會議。產業官方將他們在全球各地推行生物科技時所面臨的問題一一提出，主要源於不同的貿易規範與標準，也和新一批針對基因改造生物

（genetically modified organisms, GMOs）所擬定的跨國監管制度有關。全美最大種子公司先鋒良種（Pioneer Hi-Bred）發言人指控歐盟企圖「從農場到餐桌監控基因改造商品」，而這根本是一項不可能的任務。從觀眾席的嗡嗡低語聲聽來，大部分與會人員都頗能認同。北美穀物出口聯盟（the North American Grain Export Association）的克可・米勒（Kirk Miller）表示，不同監管要求，只是讓穀類貿易變得更加複雜和昂貴。儘管有些國家對基改生物態度寬容，但也有些國家仍然制訂了嚴格的標準。他暗示，全球穀商無法輕易解決如此混亂的市場。

與會的講者特別強調生物科技產業在歐洲市場遭遇的挫折。他們堅信情況越來越糟，只因為生物科技產業在歐陸越來越政治化，「沒有代表性的」非政府組織與牆頭草政客，正大肆破壞這項產業的前景。一九九六年以來，行動份子已將大眾對基因改造科技所持有的不可知論，成功轉變為普遍抗拒的態度。意識到這項議題的敏感性，許多食品商已決議不再使用基改生物製造食品，包含多數歐陸主要超市在內的批發商，皆已決定不再販售基改產品。

1 原句為"The Future ain't what it used to be." Deepspace5於二〇一〇年於美國發行的福音嘻哈唱片名稱，同時也是美國前棒球選手Yogi Berra的名言。

歐洲議會對基改生物科技的態度，也發生一百八十度大轉變。一九九〇年代中期，歐洲議會對基改農作提案的態度相當正面，然而一九九八年後，議會對所有新的基改農作案喊停，儘管這項決定明顯違反世界貿易組織規定。短短三年內，與生物科技產業相關的爭論有如山洪爆發，基改食品與種子市場也因而關閉。一位產業代表抱怨：「科學以外的因素在在影響著歐盟的規定。」言下之意是要將他視為正統且不政治化的「科學方法」，用以制訂食品規範，並且不須顧及歐洲政客對選民反應的敏感度。

二十一世紀的歐洲，不是世上唯一一個激烈爭辯基因工程的地方。南方世界的種種議題，諸如農業生物科技是否幫助或傷害農夫、是否能解決飢餓問題、是否會破壞環境、威脅公眾健康等問題，在許多國家備受爭議。巴西、菲律賓與墨西哥等地的政府組織、農夫聯盟、消費者基金會與環境團體，對於是否開放基改生物商業種植，也各持己見。南非還出現了特別為質疑基改生物的引進而成立的新組織。印度卡納塔克邦（Karnataka）一場大型農民運動中，農人當眾燒毀基因改造實驗地，並與其他組織舉辦一場「焚燒孟山都」（"Cremate Monsanto"）的活動，旨在結束這家公司基改棉花種子貿易。泰國行動份子，則在二〇〇〇年九月籌備了一場穿越鄉間的長途步行活動，目的在於「讓群眾意見對基因改造生物的威脅，以及亞洲內部人民食物安全選擇與農業生物科技的承諾，更加敏銳」。

即便是在美國，農業生物科技與基因工程發源地，業已成為社會抗爭與動員的主要地。二〇〇〇年七月，《時代》雜誌的一段描寫，捕捉了動員時刻的政治精神：

這就好比你在舊金山街頭見到的庸俗街頭劇場。一群抗爭者聚集在雜貨店外，有些穿得像是帝王斑蝶，有些人則彷彿是《科學怪人》裡頭的怪獸……人們身穿白色防生物危害連身衣，將康寶濃湯和玉米片，丟進一個仿製的有毒廢棄物垃圾桶裡……。

上星期加州行動份子群起憤慨之時，相同的咆哮與共鳴，也在其他幾個不太可能發生的州裡引爆——北達科他州大福克斯市、緬因州奧古斯塔市，還有邁阿密——共有十九個美國市鎮參與。這些並非激進份子的嬉鬧，而是一場謹慎策畫的全國消費者運動，強迫基改食品上市前先經安全測試並標示。七個組織……開始了基改食品警示行動（Genetically Engineered Food Alert），斥資百萬、多年來持續對美國國會、食品與藥物管理局（the Food and Drug Administration）和私人企業施壓的行動。他們打算一個一個來，就從康寶濃湯開始。

也難怪情況已遠遠超乎基改產業所能掌控的範圍。

事情並非一直都這樣的。一九七〇與八〇年代，微分子生物學家、基因學家與植物生化科學家，首次發現將一個生物體基因剪接下來，放到另一個生物體裡的技術。這項革命性新科技前景看來無比光明。科學家、媒體、投資人與華爾街，一窩蜂簇擁「重組DNA」科技的全新產業，相信它能解決一些農業與人體健康的相關問題。對這些積極人士而言，這項新生物科技，為傳統漫長的動植物培育過程，提供全新捷徑，可提升農業生產力，製造更好、更便宜的藥物，並且看似可為產業公司帶來龐大獲利。在初期的巨大興奮中，生物科學家與企業家，將這項工作視為「全贏」產業。

他們的熱情具有感染力。大型企業與投資公司為這些新風險注入大筆資金，建立龐大的科學商業合作基礎，以重組DNA生產新發明與產品。的確，一九九六年基因改造稻作甫上市時，聲勢銳不可擋。第一批商業種植作物包括玉米、黃豆、油菜與棉花。直到食品與藥品法律協會（FDLI）在華盛頓開會的時候，這些全球種植的基改農作物，已從原來的六個國家、四百二十萬英畝，擴展到十三國的一億三千萬英畝，成長了整整三十倍[2]。一些觀察者讚譽這是人類史上擴展最快速的新科技。許多人認為，跨基因科技的「基因改革」將帶來第二波綠色革命，有助於解決全球飢餓問題[3]。

依這種情勢來看，FDLI與會者在會上表達的不安，與來自全球各地不同團體的激烈反對，顯得相當不尋常。我們該如何解讀這些對基因改造科技發展差異極大的反應：積極與謹慎、支持與反對、前景看好，和擔憂災難降臨？人們究竟如何發展出這些反應？它們又如何形塑科技發展的軌跡？接下來幾章的探討，將會觸及在FDLI會議中擾亂基改產業代表、聲勢漸壯的社會爭議，事實上與一群行動份子息息相關。這群行動份子，預見生物科技產業裡影響深遠的關鍵問題，而非產業宣稱的無窮希望。這些基改生物若進入自然環境裡，將會造成什麼影響？基改食物對人類健康又會有什麼影響？基改科技是否潛藏新的優生學危機，使人類得以被設計（就是字面上的意思），好呈現某些特質？私人企業的基因工程，是否將造成生命商品化；若是如此，對社會來說，又意味著什麼？全世界對富國與跨國企業持有疑慮的基改發展評論者，也尚存疑惑：這項科技將如何影響全球糧食系統？新科技會嘉惠小農，還是使他們的權益受損？

打從科學家發現如何將個體基因，從一個物種剪下來並移植到另一個物種，評論者便開始針對新生物技術發表相反意見，試圖阻止或至少暫緩科技的發展與擴張。其後三十年間，這些評論者致力發展他們對此產業的集體分析。他們教育大眾，基因工

2 美國始終是基改作物種植的技術領導國。另外兩個在FDLI會議前便熱切投入此科技的國家為阿根廷與加拿大。自那時起，巴西、印度（僅栽植棉花）、中國、南美也加入主要行列。

3 綠色革命意指二戰後開發的一套農業科技技術，大幅提高農業生產力，特別是在亞洲與部分拉丁美洲地區。這些新科技包含了新的、各式各樣高產值的稻米、玉米與小麥，必須與合成氮肥料、灌溉與殺蟲劑一併使用，才能達到最高效用。

程將招致什麼樣的危機，並嘗試將政府政策導向更謹慎的方向。漸漸地，他們的批評與活動吸引越來越多支持者，最終醞釀成一股普遍的反生物科技社會運動。一九九〇年代晚期，他們在抗爭行動中加入更多元素，包括超市、企業抗爭、摧毀基改農作物，以及《時代》雜誌裡所描寫的創意街頭表演。

將農業生物科技引入公眾領域的這些評論者，已將這項產業從菁英的科技發展，轉變為具有高度爭議的社會議題。打從運動一開始，他們便不斷強調有關生物科技的對話不會只被侷限在強國的科學實驗室、企業會議室和政府辦公室裡，而能在不同社會、階層中發生。為了擴展生物科技的對話，他們挑戰大企業專屬特權，還有科學和政治無關、也不應該關心政治的觀念。行動份子領導許多人反對基因改造生物，關閉基因改造產品的歐洲市場，沉澱市場，並對全球市場造成影響。他們挑戰政府的規範政策，利用國家法律系統與法庭，限制公司隨意擴張基因改造科技的能力。他們協助建立跨國管理體制，塑造基改食品貿易模式。透過創造在地與國際的討論，他們反對產業與許多政府將此新科技描述為未經認可的「社會公益」，不斷製造議題，使許多人對基改產業更加批判。

反生物科技行動份子同時也迫使生物科技公司的經濟成本大幅增加，提高了投資風險。的確，這項產業已從早期的魯莽，轉為如今的膽怯，大公司對開發新產業越來越小心謹慎。本書撰筆之際，基因改造生物科技在歐陸，大體上仍是被禁止的，非洲大陸也只有兩個國家允許合法販售（南非與布吉納法索）。基因改造科技的商業作物，絕大部分侷限於最初栽培的四種：大豆、棉花、玉米、油菜籽。

可以確定的是，由行動份子所促成的全球爭議，並未導致人類全盤否定基因改造生物。事實上，二〇〇五年後，農業生物科技產業歷經一場大復甦。主因是人們對生物燃料需求上升，以及二〇〇八年全球糧食價格飆漲。一些小型種子公司與農夫得獨自面對此事，他們不是非法生產，就是非法種植基因改造種子。然而，反生物科技行動份子對發展與擴張此項科技極具影響力，而在農業上使用基因工程技術，仍然十分具有政治爭議。藉由挑戰「將科學和獲利視為判斷新科技走向的唯一衡量標準」，全球行動份子為生物科技討論，注入了一套全然不同的價值觀。時至今日，所有開發、販售或利用基因改造技術的決定，都必須將這些價值觀納入考量。

這些簡要的故事背景，引領我們思考幾項有趣的問題。首先，是什麼讓一些人將重組DNA詮釋為社會問題，而許多科學家、媒體、企業與政府決策者，卻都對這項新科技一頭熱？當我們了解這項新科技，一開始是以小規模產業的形式出現，這個問題就變得更加有趣。一九七〇年代與一九八〇年代早期，基因轉殖科學尚處萌芽階段，產業才正要開始和科技結合，而這些技術的實驗，主要由小型的新創生物科技公司進行。相關研究也還是由在大學裡工作的科學家主導，生物科技產品仍未上市。直至二〇〇一年FDLI會議時，沒有任何管理問題或公眾健康疾病，與可能引發消費者憤怒的基改生物扯上關係。因此，究竟是什麼原因引發針對新興的生物科技的抗議行動？他們又是為何如此熱衷？

再者，我們應該如何詮釋這些行動對生物科技發展的影響？即便反生物科技行動份子在許多國家都相當活躍，和這項產業相比，他們的行動還是微不足道。即使是在二十一世紀的巔峰，反對行動還是顯得渺小且資源不足。因此，這麼一小群的反對份子，究竟是如何對一個極具經濟潛力且受政治支持的產業造成傷害？又是什麼原因，使得這項產業在批評和反對行動面前，如此不堪一擊？

最後，有鑑於基因改造農作物持續在全球擴散，農業生物科技產業再度重新振作，我們要怎麼評斷這些反對行動是否成功，又是以什麼樣的形式成功？這些都是本書試圖解答的問題。

使生物科技不只是科技問題

社會運動學者長久以來始終認為，僅僅是社會不公、基本公民權利喪失，公眾健康或環境福祉威脅等現象，都不足以構成讓人民採取行動的理由，甚至將這些問題看作是社會問題。畢竟，所有的社會都充斥著各種形式的不公、排擠，以及對人類健康和環境的威脅。然而在一定的社會秩序中，並非所有問題，都被認為不可接受、必須採取行動補救，或甚至有辦法被補救。就一個社會問題而言（意即需要被注意或補救的問題），一些群體必須針對它形成反面意見，讓它成為問題。這時候，**詮釋**就有必要了。

為了了解反生物科技份子藉以行動的集體詮釋，我們需要對第一批將基因工程定位為問題，並賦予基因工程與創新科學問題解決論述截然不同意義的個體，進行社會學與歷史分析。第三章中，我們將詳細呈現反生物科技份子所持有的世界觀是如何與產業界、科學界與政府支持者大相逕庭。此一反文化世界觀，主要形成於行動份子成年後的特定世代與歷史時刻，同時也深受個人經歷影響，也就是形塑個人生活的事件與經驗。回溯混亂的一九六〇年代經歷，適逢環境議題、女權、反核與不結盟等運動，身處南方世界的行動份子，觀察北方世界一些具有傷害性的「發展計畫」，就是在這樣的環境下，發展出對科技的批判眼光。他們同時也對大企業的動機深表懷疑。因此，行動份子傾向於在社會經濟脈絡下，分析這項新科技。

反文化世界觀的概念與規範，在我們對反生物科技行動份子的訪談中，一覽無遺。「這真的只是攸關控制和所有權的問題而已，」一名身在美國的行動份子觀察：「看到十三億英畝基改農地上正在發生的事，還有孟山都公司的生物科技在全球占了百分之九十一，你還需要知道別的什麼事嗎？我們在討論的，就是一家公司壟斷市場嘛！」另一位關心環境的行動份子大聲說：「很多人就是不明白我們**沒辦法再重來一遍**。這不像你對著一整片農作物噴灑農藥造成的毛毯效應。你知道，每一個基因改造生物都是獨一無二的，你沒有辦法知道那些生物體在世界上散播，會造成什麼結果。」在一個全體觀念與世界觀相近的社會脈絡中，這樣的觀點，於焉成了行動的號召。一位行動份子如此解釋：「他們（生物科技專家與企業）給的答覆是，『不，我們不會改變科技來適應生活；我們要改變生活，適應科技。』這就是為什麼我如此熱衷於反對生物科技，這樣子的未來藍圖……對我而言實在是太恐怖了。」

用如此批判的言語詮釋基因工程本質和意義，基礎就是我們用來嚴格審視這些發展的「文化特性」。這邊所說的**文化特性**，就是人們擁有相近的思考模式，傾向於以某種特定的方式思考或觀看事物。就生物科技而言，人們將某些與現代性相關的科技科學新發展，定義為有問題。文化社會學者的理論指出，人們共有的思考模式包含信仰、假設、圖像，與世界是如何（以及應該如何）運作的價值評斷，同時也包含了思考與分類的方式。通常這些方式被視作如此理所當然，以至於時常感覺不到它的存在，但這些模式仍舊建構了大部分的人類行為，即便人們沒有受限要依據它行動。然而，為了徹底理解這個群體，如何將己身文化特性轉變為對生物科技集體且持續的批判，再轉變為社會行動，我們的解釋必須從社會行動者共有的心智與道德世界，擴及到他們的社交圈與學術界。綜觀而言，這些元素構成了行動份子們主要的「生活世界」。

生活世界（lifeword）這個字眼，具有深遠悠久的歷史意義。因此本書正式開始前，有必要就其定義，探討一番。在社會學裡，這個詞常和阿爾弗雷德・舒茲（Alfred Schutz），和他的學生湯瑪斯・呂克曼（Thomas Luckmann），以及尤爾根・哈伯馬斯（Jürgen Habermas）一併被提起[4]。這些理論家，將生活世界理解成是人類「老早」就很熟習的前意識（preconscious），因為人們都是誕生在這樣一個現存的文化與物質世界中。一個生活世界，經由一大堆前人帶入文化背景知識，為後人提供了共有的認知與規範參照標準。如舒茲所言，這種「自然而然的態度」，對人們來說是直覺式的，以至於根本不覺其存在，即使這些影響深入我們日常經驗的每個層面。

4 舒茲與哈伯馬斯的觀念開始發展前，這個詞被一群二十世紀早期德國哲學家使用，他們發展了知識的經驗理論，亦即廣為人知的現象學。現象學的中心思想是，人們透過每日的「生活世界」得知、理解並為（自然與社會的）現象賦予意義。舒茲和哈伯馬斯直接運用這個詞的概念，將之發展到全新的境地。威廉・狄爾泰（Wilhelm Dilthey, 1833-1911）、艾德蒙・胡塞爾（Edmund Husserl, 1859-1938）與馬丁・海德格（Martin Heidegger, 1889-1976）是現象學界幾位最為知名的理論家。

舒茲與哈伯馬斯，都將他們對生活世界的概念，發展為人類意識超理論（metatheory of human consciousness）的一部分。哈伯馬斯的理論中，生活世界也是人類溝通與社會發展的一部分[5]。本書對此字眼的用法更特定而具體，強調一個在地群體的文化（一方面是反生物科技行動份子，另一方面則是生物科技產業成員），以及該群體社交圈成員，如何形塑其世界經驗、理解與詮釋。概念化的生活世界，同時是認知、道德與社會的，並於特定交流地點或環境，被集體建構。它們透過持續進行的活動，與不同團體間成員[6]的社交過程而成形。當不同群體的人，在朋友、同事與熟人面前表述自己的觀點、價值觀與知識時，會發展出一套對世界的特定論述，以及「正常的」行為舉止，如凱特·克蕾韓（Kate Crehan）所形容：「深植於每個人的潛意識中，就好像是他們主觀存在很重要的一部分[7]。」就在社交、交換觀點與創造共同意義的過程裡，人們鞏固了一個生活世界[8]。

生活世界的意義，就理解社會行動而言，在於它產生並移植了某些對於世界的特定看法，還有針對某些現象的解釋。這些情形使人們傾向某些行為模式。舉例來說，身處行動份子生活世界的人，就是以誰掌控基因工程、基因工程對環境可能造成的難以挽回的影響、現代生活的黯淡前景，與人類將自己和大自然隔絕等論述，理解基因工程。人們參與的特定行動，同樣也來自生活世界的影響；加入行動份子生活世界，使得人們傾向運用某種特定行為模式以及社會行動策略，和一個排除他者的先驗（priori）。這些經驗和其他社會運動，使人晾曬於某種集體行動劇中，反覆被灌輸應該產生什麼改變的特定思想，因而造就了行動份子每天的行為基礎。對此群體中的人來說，攻擊生物科技產業、針對推動發展的生物科技公司，組織直接行動，是相當合乎邏輯的事。至少在美國，行動份子很「自然地」屏除和產業**一起工作**的可能，因為這代表了和敵人合作，並讓行動份子團體很有可能被政治團體吸收。

5 哈伯馬斯在其代表作《溝通行動理論》（*The Theory of Communicative Action*）中，討論生活世界的概念。本書絕大部份致力於發展人類語言與溝通的廣義理論。

6 舒茲將生活世界視為由繼承而得。哈伯馬斯也有相同想法，認為人類的語言使用主動建構了生活世界。和我們的詮釋一致的是，我們將生活世界視為在特定時間和地點，被特定的社群主動建構。

7 根據克蕾韓於一九九七年出版的書，「正常的」行為舉止，指的是共有的社會觀感，什麼行為是「適切」的，且在特定情況下是正確的。

8 這不代表共有一個生活世界的人，就會有完全相同的世界觀和價值觀，或是就不會經常質疑自己和彼此的假說。反之，這代表了他們共有對世界如何運作的重要信念與假設，即便他們可能持有其他完全不同、甚至相斥的信念與假設。同時，某些異數可能被群體常態禁聲。也就是說，生活世界對他們同時也有特定的規範元素，即是某些想法在一個特定的生活世界中，並不單純只是「無法想像」，而是被有效禁止的。因此，我們的構想和舒茲與哈伯馬斯的都有些許出入，因為在一個特定生活世界裡，某些想法不僅僅是「背景」，而是顯而易見。

產業的生活世界

不只是行動份子的世界觀和行為，被身處的在地文化、共有價值、工作和社交圈強烈影響，產業執行者、經營者與科學家也不例外，他們全是這個生活世界裡的一份子[9]。多數公司執行長與經營者——至少在產業大本營的美國——透過兩個層面理解生物科技。具體而言，一提到基因工程，他們想到的就是利用這項技術製造出來的產品，例如可以讓牛隻生產更多牛奶的牛生長激素，或是抗除草劑玉米，以及這些產品能為公司帶來的經濟效益。如孟山都前執行長理查·瑪赫尼（Richard Mahoney）對記者丹尼爾·查爾斯（Daniel Charles）的解釋：「製造牛生長激素，就像製造其他許多東西一樣。我們已經製造農用化學品很多很多年了。我們提升農夫的生產力，把一半的所得收益分給他們，到底哪裡有問題？我們根本不曾提過什麼社會意義。我從來沒想過這回事。」

如果說真的發生了什麼事，就是讓產業官方在發展科技的過程中，體認到有必要去和主要顧客（也就是美國中西部農民）溝通、解決問題。瑪赫尼之前的孟山都執行長約翰·翰里（John W. Hanley）徹底揭示了這種想法：「我們首要抱負之一，就是發展能適應隨機使用除草劑的作物。」他告訴我們：「如果我們能有抗除草劑的玉米作物，農夫就能散播這些作物，殺死雜草，完全不用為作物擔心。玉米會因濕度和養分提升而得以生長。大家都會很高興。」

抽象層面來說，生物科技利用社會上某些中心隱喻與文化價值，隱含幾種共有的意義。對大多數生物科技產業執行者而言，基因工程代表了科學進展加乘經濟發展的縮影。還有什麼比基改作物自行製造殺蟲劑，同時又能促進公司經濟還要好康呢？它同時也代表了某種基本「權利」，因為企業經營者相信自己的公司有權選擇參與科學研究與科技發展，只要市場顯示他們的產品有潛力，而且產品合法。

這兩者特定而一般的詮釋，使得企業經營者傾向採取某種模式的商業行為。正如行動份子的生活世界，致使他們反抗專利、組織示威遊行；產業官方的生活世界，則讓他們對科技發展挹注資源，盡其所能加快腳步，為公司的科學革新產品建立智慧財產權。他們同時也致力於讓政府政策變得寬鬆，因為他們相信，嚴格法規會讓公司難以從投資獲利。

產業科學家共有在業界相當普遍的核心世界觀。同時他們也將自身的科學文化帶入工作場合中。對那些七〇與八〇年代研究植物生物學、基因與生物化學的人而言，重組

9 政府監管機構乃行動者的第四種群體，對生物科技行動而言也相當重要。儘管不如行動份子、企業執行者與產業科學家等常出現在本書中，也被列入我們的討論中。

基因代表領域的尖端科技，這些科學家極度期待它能帶來競爭與動力。產業科學家同時對自己的科學品質相當有信心，堅信他們用以創造並測試基因工程生物的實驗方法正確並且十足穩健。大多數科學家相信他們研發的科技，要比現有的植物育種學更能被掌控且更為安全。科學家普遍認為大眾對基礎科學所知有限，人們沒有能力參與討論複雜的科學問題，包括對基因工程的辯論。因此，基改生物安全可靠的觀念更加深了。

如此這般的觀念與信念，在企業經營者的生活世界中比比皆是，他們發展出自己科學部門絕對可靠而且根深柢固的自信，以及對批評科技的人顯而易見的輕蔑。事實上，隨著科技逐漸發展，產業科學家與企業經營者的生活世界，逐漸有了重疊。同一時間，產業的生活世界與行動份子的生活世界背道而馳，特別是在九〇年代之後，反生物科技行動份子開始對產業將新科技商業化的作為進行干預。這股在業界與行動份子生活世界間持續且加溫的對立，使得二者難以與彼此溝通或理解對方，即使兩個群體之間的某些人，表面上擁有相同的價值和目標，例如對生態永續農業的渴盼。在此過程中，每個群體的生活世界，逐漸變得根深柢固，儘管彼此間並不乏交流。

行動主義的機會

參與社會運動的學生們，長久以來根據運動成果、運動中的成員，以及運動在什麼情境下實現，還有運動成員與對手之間的不斷互動，爭論這些運動的效力。的確，這些觀點的核心洞見，是不同社會和政治情境，為行動份子提供了相異的政治缺口。外在環境有利時，動員運動將更有可能達成目標。

多數以此眼光研究社會運動的學者，著眼於組織國內政治機會，例如政治菁英結盟，或是開放的政治體系。近來更多學者紛紛指出，開闊的文化環境對運動相當重要，透過影響人們對國家政治機關的期許、對自身權利的要求，以及對特定社會論述的迴響來達成。的確，正如我們將在第四章至第六章所討論的，這些政治、體制與文化環境，對於理解反生物科技運動具有相當關鍵的效力。然而同時，經濟領域的不堪一擊，也變得格外重要。就農業生物科技產業而言，產業的全球商品鏈組織及產業行動者的生活世界，證明了產業是運動機會和策略活動的重要領域[10]。想了解箇中原因，就需要深入研

10 **全球商品鏈**一詞，指的是參與生產、改造、分配與消費特定商品的行動者，和幾項要件彼此之間的關係。全球商品鏈與其相關概念的書籍（舉例而言，全球價值鏈、全球供應鏈、全球生產網絡等）比比皆是。

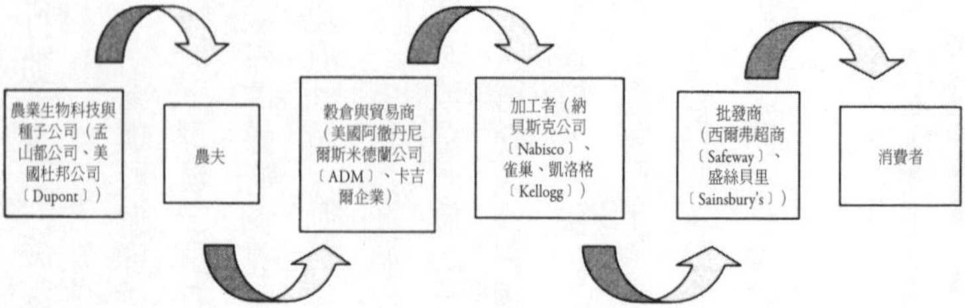

圖一、典型加工食品的全球商品鏈（Global Commodity Chain）

究這條鏈子的組成。

產業結構與組織

圖一描繪了一條典型的食品製造商業鏈。這條商業鏈透過一系列延伸的關係，連結了農業輸入供應商（一個包括九〇年代農業生物科技公司的群體）與顧客。若一家農業生物科技公司，欲實現基因工程農作物的投資價值，勢必要克服一些挑戰：它的基改種子必須有銷路、有農夫種植，而農夫的作物要有穀倉與貿易商購買，貿易商必須將糧食販售給食品製造商作為原料，食品製造商的產品，則必須有批發商購買，例如超商與商業經營的食品預備商（food preparers），最後，這些批發商要將食品販售給顧客。

從一個行動份子的觀點來看，這條商業鏈中的兩項因素值得注意。首先，農業生物科技產業重重倚賴這條鏈子裡的其他成員，因為它的主要作物（基改種子）幾乎沒有其他用途[11]。再來，產業對這條鏈子強烈依賴，使得反生物科技行動份子可在鏈子的任何地方施加壓力，在經濟層面上打擊生物科技產業。更具體一點來說，即使行動份子無法說服農夫不買基改種子，他們也可能讓食物製造商或批發業者停止買賣基因工程製造的食物。或者他們也可以直接影響顧客，說服他們別再吃基改食物。簡而言之，食品商業鏈為行動份子提供了一些顯著的「阻礙點」，讓行動份子得以適時損害生物科技產業。

當然，實際行動時，不同阻礙點上的生物科技產業，脆弱程度差異極大。對反生物科技行動主義最缺乏抵抗力的，是鄉間的超商和食品製造商。鄉間居民對食品安全與品質，還有食品製造時的環境因素極度敏感。就像第四章所提到的，這些超商和食品製造商的弱點，在於這兩者之間的高度競爭，以及商業文化中稱之為公司的「名譽資產」（reputational assets），也就是商店和品牌的名聲、地位。藉由挑戰這些公司願意給予顧客多大的食品安全承諾，以及讓他們處於失去市占率的危機，至少在歐洲的反生物科技行動份子，能夠成功說服這些公司不再使用基改原料，並且不再在他們的商店裡販售基

11 產業生產多用途的產品，例如塑膠與橡膠，面對商品鏈特定點上的行動者時，就不會那麼不堪一擊，可以輕易轉換至不同的關係與產品流（product stream）。

改食品。

許多食品商業鏈的跨國規模，對行動主義而言具有額外意涵，以及可能被導向的壓力點。最明顯的是，這樣的規模，意味著反農業生物科技行動主義的力量，足以影響產業的財富。的確，正如我們於本書後半所闡述的，地理上分散的商業鏈分子，結合在一起時的經濟依存關係，保障了行動主義的影響，勢必將得到廣大迴響。而較不明顯的，則是這個規模意味著若想販售產品，生物科技公司必須要和許多國際與地區立法機關實際周旋，而這些機關的工作，就是要規範食品和農業部門，包括新科技的使用。於是，行動份子若想阻止基改食品在國際上擴散，可以嘗試直接或間接影響這些立法體系。在若干政治情境中，這是頗具效果的策略。

行動份子擁有的額外資源，可以追溯至產業行動者的生活世界。儘管社會運動學者，長久以來認為對手行為對運動策略與效力很具意義，他們卻未曾用那樣的行為，大幅檢視**文化影響**。企業文化和其他經濟行動者特別受到忽略。近期的經濟人類學、地理學與歷史學，可以協助解決此空隙。藉由承認經濟行動者同時也是**文化行動者**，他們對世界和自身運作環境的理解，在在受到文化的深遠影響。

這樣的觀點，讓人聯想到企業文化（或者用我們的術語來說，產業的生活世界）會影響產業行動者解讀世界和行事的方式。企業文化影響，但並非決定，個體對商業世界中何者是正常、合理，以及「聰明的」行為的想法。如同艾瑞卡・史恩伯格（Erica Schoenberger）提出的，企業文化無可避免與企業策略結合。更準確地說，

> 存在於企業文化與策略之間的關係……要比一般以為的更為緊密。策略體現了對世界的知識和詮釋，以及公司的位置。這是一種練習，練習想像世界能夠變得怎樣，或是應該變得怎樣。就這點而言，策略是文化的產物。也因為公司過去的策略軌跡，體現了公司習俗、關係與觀點的特定結構，文化同時也是策略的產物。這兩者是相互的基本要素。

換言之，企業文化（或說產業的生活世界）影響了產業的行為——每天的行為，以及更具有意識、目標的，針對未來的行為。

我們的目的，也就是觀察的意義，在於確定產業解讀世界與行動的方式扭曲了文化，可為行動份子製造重要的政治缺口，以利行動。在第四章中，我們將藉由探討孟山都把基改食品引進西歐的嚴重誤導策略，繼續闡述這一點。如我們所說，孟山都拓展至西歐的行動，就好比一條在瓷器店裡的牛（like a bull in a china shop）那樣突兀，他們用一種目光短淺且競爭的方式經營產業。這些執行者無法正確解讀歐洲的政治氛圍和消費

者文化，加以他們決定忽視來自英國與歐洲的警告，將有激烈反彈。這些作法，使得公司對行動份子攻擊其名聲的作法不堪一擊。

特定公司與產業的企業文化，同樣也影響他們如何回應挑戰者。舉例而言，如我們對生物科技在歐洲與美洲的討論所示，生物科技與食品工業在各個情境下，對基改食品貼標籤計畫的獨特反應，為歐洲和美國的行動份子製造了不同的機會。在歐洲，農業生物科技與食品工業接受了歐盟嚴格的標籤作業，使行動份子更容易指責基改產品，也讓顧客更容易避免購買這些商品。相反地，在美國，這兩者皆成功打擊行動份子發起的標籤活動，因而讓一連串的消費者動員行動得以喊停[12]。

生物科技的爭議

農業生物科技爭議在全球展開，絕大部分也因為這項產業本身的全球性。農業生物科技被嵌入全球種子與商品市場、跨國企業與國際貿易機構制度的全球農業食品體系中。這項新科技的整合，涉及實驗室的研究協議、國際風險評估與生物安全規範、國際貿易協同，以及為保護智慧財產權與全球市場規範而訂定的跨國條款。因此，這項科技在許多不同階層被生產、評估與統治，從隱密的科學實驗室到國際貿易組織的談判室中都曾經發生過。

反生物科技運動也可以被理解成是跨國運動。從早期的一九八〇年代行動主義，身為領導的反生物科技行動份子，便在全球各地進行跨國互動與諮詢。他們組織國際會議、分享觀點與資訊，支持彼此的努力。反生物科技行動份子的智慧結構，就是建立在這些互動上。因此，這項運動天生就跨國，正如我們在第三章中探討的。除此之外，反生物科技行動份子和其他跨國社會運動同盟交流，形成一股勢力漸長的反企業全球化社會運動中重要的一部分，並於一九九九年在西雅圖，突然躍身為全球知名的社會運動。反生物科技運動同時也出現並於國際規範制度內組織，協助訂立由機構樹立的規則，因此有了新的國際規範。兩則重要的例子，包括反生物科技行動份子對歐盟食品與生物科技政策的影響，以及協助制訂卡塔赫納生物安全協定（Cartagena Protocol in Biosafety）的條款。這是規範基改生物貿易的國際協議。就這個層面看來，反生物科技運動是更大陣仗的跨國組織和運動的其中一部分，在悉德尼·塔洛（Sidney Tarrow）稱之為的「三角機會空間」（triangular opportunity space）中運作。這個空間形塑了國際主義，也就是

12 在美國，大眾對企業高度侵略日常生活習以為常，而企業實力往往是一種象徵力量，產業策略在美國因而奏效。然而，相同策略在歐洲卻無法推行，也許這就是為何生物科技與食物產業，沒有採取類似行為的部分原因。其中也和偶發的食品安全恐慌有關。

說，這是一個由各國、非國家行為體與國際組織間建立的空間，它也為行動者創造機會，在不同階層中參與集體行動。

然而，此產業、科技與運動的跨國性質，不應該模糊一個事實，就是大多數由行動份子執行的運動是在地的，並且是以在地民眾關心和感興趣的議題為依據。反生物科技行動份子已代表性地在自己的城市與鄉村領導示威遊行活動，並組織在地或國際超市運動，動員引發市民共鳴的演講活動。大體而言，他們主要針對國家權力機關、國內公司以及跨國企業的在地子公司。就這點來看，反生物科技運動既是在地運動的集合，也是跨國運動，而在地奮鬥不獨立於彼此，也不受囿於運動進行的地點。於是如今，「在地」的反生物科技運動便一起行動，激勵彼此，分享資源，參與對方的努力成果。

圍繞農業生物科技的政治領域爭議，因而顯得相當複雜。它涉及攸關農夫生計的國際和在地奮鬥，以及一方面是消費者個人選擇，另一方面則是國際食品經濟的邏輯。這些多層次努力涵蓋一系列社會與專業網絡，現代性、權威知識的跨國論述。如同任何國際爭議，人物、地點、情境與事件之間的關係都是多層面卻又獨立的，並且常常不透明。行動者往往被多種（有時是衝突的）關心和興趣所驅策，而在地運動與國際運動的融合程度又頗有差異。再者，針對農業生物科技的特定爭議，無法與其他爭議隔開來談，因為關於此項奮鬥的行動者，總是將生物科技歷史放在其他運動裡一起討論。有鑑於情況這般複雜，因果關係既不簡單也不單一，形塑一項科技發展軌跡的在地與國際行動、論述和政策等因果關係的認定，便成為棘手的分析。特別是當社會行動主義在地理空間之間，以及不同制度和文化設定下移動時，我們又該如何衡量社會行動主義的影響？要如何去理解不同的「在地」社會運動之間的關係，以及這些在地運動，也是跨國運動的一份子？

為了要解決這些挑戰，我們採取兩種分析策略。首先，我們同意學者所爭論的意見，他們說國家是市民主要爭取權利的「想像社群」，而且國家為爭議提供了較占優勢的制度環境，社會運動因而傾向以在地或國際層次，組織或制訂策略。為此，我們的討論主要著眼於發生在本地的運動，包括全國或在地的規模。每項我們所研究的特定衝突（在西歐、美國和非洲）都有政治和文化動力。然而，在全球產業與行動者跨國網絡的情境底下，這些衝突同樣也相互連結，不僅影響特定地區的行動主義，同時也更廣泛地影響這項科技的軌跡。舉例而言，儘管美國的行動主義對國內政治環境影響微不足道，美國的行動份子在制訂卡塔赫納生物安全協定時，扮演了相當重要的角色，因而成為貧窮國家行動份子向政府施壓的主要資源。歐洲的行動份子有效使得全國連鎖超商把基改食品拒於門外，不僅迫使生物科技公司重新思考產品開發的經濟算計，同時也大大影響非洲政府制訂基改食品輸入販售的途徑。為了掌握在地與跨國影響之間的互動，我們採取了「關係對比」的分析策略，不將在地衝突簡單視為過程中自成一格的案例研究，而是把它放在跨國政治機會空間中檢視，這些衝突的形成和彼此都具有關聯。

其次，就我們的觀點看來，處理多刻度與多維運動之間複雜因果關係的最佳方式，就是用敘述和詮釋來分析。把事情發生的時間點記錄下來，以及為何不同行動者對特定的行動與事件有不同詮釋，使我們得以了解不同主題、行動者之間的相互影響，與事件在一個結構環境中的歷史排序。這同時也引導我們識別「路徑依存」（path dependency）的意義，或是發生在某一時刻的事件，往往會影響接下來發生的事。換言之，當行動者著手進行特定行動，通常會試圖尋找其他的可能性。這解釋了運動的奮鬥如何開展，以及改變的過程如何蹣跚前進。

接下來的章節中，我們將這兩則分析策略放在一起，看兩者如何影響我們對生物科技爭議的研究。第一章中，我們以知識經濟的出現、霸權新自由主義的興起，以及社會運動的茁壯等現象，為歷史上的運動先驅和爭議畫出雛形。在這樣的歷史時空背景下，我們檢視不同的行動群體，如何以他們的生活世界詮釋整體世界，以及那些生活世界如何影響他們的行為。第二章中，我們聚焦產業生活世界結構，檢視獨立公司如何領頭前進，因為科學發展和競爭壓力，想在農業生物科技市場上建立一己之地。第三章中，我們將勾勒出行動份子生活世界的結構，探索反基改生物行動份子的生活世界、動機，探討他們如何形成反對的意識形態。此章節描繪早期行動份子為運動建立知識架構的多樣化認知、社會與實質進程。

此後的章節裡，我們將轉而詳細解說在歐洲（第四章）、美國（第五章），以及非洲（第六章）的情況。在這些章節中，我們將一一展示這些努力如何影響在地與國際的科技軌跡。為與我們的關係比較方法一致，我們特別留意觀點、資訊、行動以什麼方式在這些地點流通，反映國際與跨國行動主義之間的關係。結語部分，我們將總結反生物科技運動是一項如何重要的爭論，以及它對農業生物科技未來的臆測。我們將以簡短的討論作結，探討此書如何幫助我們思考當代社會運動。

兩個生活世界的故事

二〇〇三年五月，瑞秋與我參加在密蘇里州聖路易斯市兩場時間緊鄰的會議。第一場會議名為「生物破壞七」（Biodevastation 7），由以美國為本營的反基改行動份子團體和組織舉辦。三天的會議都在當地的社區大學校園舉辦，為了鼓勵民眾與會，會議註冊費用很低（一人六十元）。每天與會的人數不定，大致在一百五十至一百八十人左右。多數的講者都很熟悉彼此，熟到可以直呼彼此的名字。

會議給人一種非正式的感覺，大部分男士身著牛仔褲、運動鞋、勃肯鞋和T恤，女人則身穿裙子與寬鬆上衣。二十幾個人一起騎著腳踏車抵達會議現場，他們是要騎往首府華盛頓腳踏車隊中的一部分人，這麼做是為了引起大眾對基改議題的重視。到處都是腳踏車，其中有幾輛裝飾得特別誇張。其中一輛還把女性假髮綁在座墊上方。一個保全人員在會議場地裡轉來轉去，但他看起來沒有很憂心。

會議的主題包括環境種族歧視，「生物剽竊」（biopiracy）、植物專利與生命商業化，以及農業的企業控制。除去會議給人的休閒感，整體氛圍還是嚴肅的，許多與會者的發言反映了人們對企業、美國政府監管機構，甚至是大型研究型大學深深的質疑與不信任。討論進行或發問時，不費力氣就可以感受到人們對這些機構持有的一股憤怒感。大家很熱切地討論生物科技藉科學、進步與商業之名，對社會和環境做出的錯誤決策。

星期六晚上，三個小時的會議之前，非裔美籍鼓手開始演奏非洲音樂，八名身著彩色服裝的女性表演非洲舞蹈。半個小時後，會議開始了。主題是種族與環境不公。共有五位講者演講，包括一位墨西哥農場的工作者，從德州艾爾帕索市（El Paso, Texas）來的組織者；一位非裔美籍內科醫師，同時也是康乃狄克州環境正義聯盟（the Connecticut Coalition for Environmental Justice）負責人；一位英國社會科學研究機構（the Institute of Science in Society）執行人；南方合作社聯盟（the Federation of Southern

Cooperatives）的參與者，以及國際消費者聯盟（Consumers' International）的資深科學家麥可・韓森（Michael Hansen）博士。五位講者都以非正式的方式演講，看上去相當隨興，沒有準備試聽資料輔助演講。主持人是一位四十來歲的美籍非裔中年婦人，她在開場的發言中提醒大家，她將遵守「女性主義者程序」主持會議，她向聽眾解釋：「如果有五位白人男士舉手，而我卻跳過了你，准許一位女士或其他膚色的人士發言，那是因為我嘗試讓更多聲音被聽見。」很明顯地這位女士是位有技巧的公眾演講者，力圖使聽眾覺得發問和提出自己的顧慮，是很安全的。果不其然，接下來的討論活力十足，聽眾踴躍發言。

第二場會議則由世界農業論壇（World Agricultural Forum, WAF）主持，在聖路易斯市中心聯合車站希爾特飯店舉行。官方訂定的會議名稱是「農業新世紀：攜手共創未來與屏除障礙」，吸引的與會者群體與第一場會議十分不同，反映了生物科技相當不同的觀點。每位與會者必須繳交六百至一千元不等的費用，多數參與者來自產業、農業組織、政府、國際組織與大型基金會。會議的安全管制十分嚴格，與會者必須持有主辦方發放的官方識別證，才能進入會場。幾乎每位與會者都身著看上去相當昂貴的商業西裝與領帶，讓穿著四十五美元套裝的我感到特別格格不入。一大群警察身著防暴裝備站在飯店外，等著有人來阻撓會議進行。

會議舉辦的大型宴會廳裡有個大舞台，兩側有巨大螢幕，可呈現講者的放大影像。講台正後方豎立著另一個大型螢幕，主辦方在上頭投射著吸引人目光的拼貼影像——非洲一輛大型載油卡車，停在色彩繽紛的市場邊。正中間一位黑人老頭在賣蔬果。他的右手邊是一群亞洲女性，在拖拉機前編織、剷除雜草，一輛乘載大型容器的船隻行駛在開闊的海面上，背景則是高聳的摩天大樓。這幅景象要傳遞的訊息再清楚不過：傳統與現代。另一則訊息，則反映在裝有大容器的船上：貿易的意義。

四位會議主講者包括農業與發展國際基金（the International Fund for Agriculture and Development, IFAD）主席雷納特．貝吉（Lennart Bage）；諾曼．布勞（Norman Borlaug），世界知名植物育種學家，並以其綠色革命方面的著作贏得諾貝爾和平獎；卡吉爾企業（Cargill, Inc.）副主席大衛．萊斯貝克（David Raisbeck），以及聯合國飢餓特遣小組（United Nations Task Force on Hunger）共同主席佩卓．山切之（Pedro Sanchez）。布勞針對急遽增加的人口，與落後速度的世界糧食供給，慷慨激昂地發表演說。他認為，現代生物科技工具已操之在我，世界無法再以傳統栽種植物的方式解決營養不良的問題。演說最後，布勞像一名傳教士那樣請求聽眾「立即採取行動」為這些科技移除障礙。他講到全身顫抖，嚴厲指責這場醞釀中的世界糧食危機中，批評者所扮演的角色。布勞並且宣告：「預防措施將是個災難。」他在如雷的掌聲中結束演說。

卡吉爾企業副主席與其他講者都遵循他們精心準備、高科技而一絲不苟的演講。那天早上最後的演講長達兩小時，像ＮＢＣ電視台《與媒體見面》（*Meet the Press*）節目那樣的圓桌會議。主辦單位在會議廳正中央設置了一大張桌子，讓聽眾圍著講者坐成一個同心圓。一位專業攝影師和燈光組有技巧地將八名或更多講者的影像投射到螢幕上，隨著攝影機圍繞座談小組優雅移動。在這些圓桌會議時刻，每位主持人都有機會拋出問題並領導討論；聽眾則沒有機會發問。整體氛圍專業、精力充沛，且企業化。

會議的主要論述，是將世界飢餓問題的終結，與去除貿易障礙作連結，彷彿降低貿易障礙可以提高食物產量，使窮人更容易取得食物。的確，直到幾名少數非營利組織代表在會議上演說，提出在此過程中將有人損失，以及特定的經濟利益在背後推動，與世界貿易組織杜哈發展議程（the Doha round of the WTO）聯手開放貿易，會議才開始討論「全球貿易可能不會讓每個人都受益」這項觀點[13]。儘管會議中南北貿易間的張力浮現，整體氛圍仍舊保持友善，大家似乎有種共識，就是更多、更先進的科技，可以為全球食物問題帶來解答。

13 很明顯的，世界農業論壇策畫者，企圖將一些非政府組織納入正式邀請名單中。然而，來自農企業代表、政府官員、州立農業機構、國際開發銀行的官員與大型援助機構等的人數，遠遠超過少數幾個非政府組織代表。因此，最後這幾個團體，幾乎是被忽視的。

從聖路易斯市回家的路上，我在這兩種經驗以及兩者呈現的不同生活世界之間不斷來回擺盪。我無法停止思考這兩個生活世界裡的人們，視為理所當然的假設和觀點，以及兩者之間的參照標準，是多麼多麼截然不同。我曾參與這些會議，因為威廉・孟若和我在研究生物科技的政治爭議，但我從沒想過自己會走出會議，不停思考這些人的世界觀和文化。這些認知與文化與我們並存了很長一段時間，似乎為農業生物科技爭議的本質與堅持，提供了一些重要的見解。幾年之後，半個地球之外，一位南非行動份子強化了我們的直覺。一場訪問中，這位行動份子被問及為何支持方與反對方無法在辯論中找到共識，她略略停頓然後回答：「不過就是兩種完全不同、觀看世界的方式罷了。」

第一章
抗爭前身

在先進資本主義經濟中，新科技天天被發明，然後上市。它們往往不會激起廣泛社會反對或抗爭，我們也不會將之與政治畫上等號。然而，將基因轉殖科技引入農業領域的「生物科技革命」，卻爆出令支持者大感吃驚的反對聲浪，而且這股聲浪拒絕就此善罷干休。種子科技欠缺公眾間的高知名度，種子科學家認為自己的責任，是在安靜實驗室裡，默默為基因操控悠久傳統貢獻一己之力。他們究竟為何被拋擲到全球抗爭與衝突漩渦中？

為充分了解此議題為何發展為成熟的社會爭議，了解生物科技革命並非深奧難懂、只屬於專業人士並且只在資本主義經濟中發生的過程，相當重要。相反的，它置身於二十世界下半葉全球經濟中，乃先進資本主義社會大幅結構改變的核心。我們將於本章探討農業生物科技爭議興起和革命的三項關鍵發展。第一項和「知識為本」經濟發展轉變有關，也就是科學與科技戲劇化進展；這些進步接踵而來，為科技創造發展條件。其二，國家傾向於規範一項經濟時，反映的是該國向新自由主義全球化意識形態與政治靠攏的風向轉變。這些發展一併為高度有活力、全新的全球產業紮根，而這些產業的基礎，則是民營為主的技術科學。

相當大的程度上，第三項發展代表了對前兩階段的反作用力——或者更精確的說，對前兩階段相信會帶來的社會與環境改變的反作用力。一方面是針對現代生活風險與品質的全新社會運動興起，而另一方面，也包括「全球發展計畫」的負面示威運動。這些運動可說是反生物科技運動前身：焦點在於許多緊密相關聯的「先驅」議題，動力來源則是相同的敏感議題，共同建立了一些在地與跨國社會網絡，稍後成為反基改行動份子的跳板。新的基因轉殖科技，便誕生在這樣一個社會主義聲勢看漲的世界裡。

生物科技與知識經濟

二戰後數十年間，先進資本主義的社會經濟核心從工業、製造業轉開，資訊產業、服務業、高科技產業等，竄升為主導產業。一九七〇年代早期，丹尼爾・貝爾（Daniel Bell）介紹「知識社會」（knowledge-based society）概念，用以呈現從工業主義到後工業主義階段，工業社會基本的社會與經濟組織改變經過。這個詞在關鍵經濟部門裡，逐漸擄獲了知識力量。這項轉變的核心，是以先進資訊科學（資訊與溝通技術）和生物科學（生物科技）為動力的戲劇化科技發展[1]。

知識經濟發展主要潮流之一，是日益茁壯的生物科學，特別是在分子生物與基因兩方面[2]。對生物分子學家而言，決定性的一刻是詹姆斯・華生（James Watson）與佛朗西斯・克里克（Francis Crick）於一九五三年發現了DNA雙螺旋結構，為大多數生物基因基礎結構提供雛型。隨著基因結構知識成長，「重寫」或「編輯」該結構成為可能，潛藏在這種觀念底下的，不僅是**了解**生命本質的欲望，更有要**介入**基因結構創造與設計的意涵。對有些人來說，這樣的介入結果，意味著製造「合成生命形式」；但對另一些人而言，介入的結果，代表著透過設計，可以使人類擁有某些特質。實際上，這些新基因科技技術發展，受到莉麗・凱（Lily Kay）稱之為「分子技術烏托邦主義」（molecular technological utopianism）影響，在許多科學家、企業家與政府官員間，激起一股快速的興奮感。政府不僅認為基因介入的潛力可以刺激經濟發展，也認為這項新科技可解決一些公共政策領域之間不同的社會問題，包括醫學、營養與繁殖的問題。業界更預想大規模開發新產品與收益流（revenue stream）。一九六〇至七〇年代，私營部門透過贊助，將資金大量挹注這項實用知識，政府也精心設計新智慧財產權，用來保護科學與資訊的相關投資。這些發展輪流進行，導致一連串複雜的科學產業計畫，諸如一九七〇年代與八〇年代興起的幹細胞研究、分子生物學研究，以及人類基因組計畫（Human Genome Project），以及一九九〇年代，企圖全盤了解人類DNA的計畫。這也是現代農業生物科技的溫床。

同一時期，冷戰、美國霸權，新興知識經濟競爭等壓力，促使產業發展較為先進的國家，採取能促進科學發展的策略框架。這股潮流在美國尤為顯著，這和經歷二戰期間強烈竄起的科學發展，以及初期的軍備競賽大有關係（特別是核能技術），同時也和工業生產盤尼西林有關。一九五〇年，多數基礎科學研究都在享有高額補助的大學院校中進行。然而自一九七〇年代起，私營部門研發（research and development, R&D）經費急速攀升，超越聯邦政府的補助。絕大部分補助來自藥品公司，他們動用其於生物科技方面的先進技術打造出自己的藥品王國。相同的，伴隨一九七三年基因剪接（gene-splicing）技術發展而來，創投資金開始流入新生物科技部門，刺激一批由科學企業家領導的新創公司發展（詳見第二章）。直至一九八〇年代早期，私營部門主導了研發資金，聯邦政府在基礎科學上投注的補助則大幅減少。

二戰後生物科技興起，與居處領導地位的產業經濟核心相關，所有現代化、科學發展與經濟成長，都被理解成是推動科技發展過程中彼此密不可分的要件。對於想在「第

1 儘管學者以不同方式將這些發展理論化，他們普遍都描繪出一個後工業經濟體系，在此體系中生產關係和邏輯，確實和存在工業資本主義中的關係，本質上有所區別。在這個體系裡，領導者基於對資訊科技（包括生物體「基因密碼」的資訊）的掌控與經營稱霸，而非基於產業生產力。而經濟組織中資本與勞動力關係的核心關係，則被知識和教育取代。

2 巴特（Bud）在其一九九八年的著作中宣稱，生物學從微分子生物學到分子生物學的重大轉變，建立在戰後科學發展基礎上。遺傳學最終也讓道給看似具革命性與潛力（但相當值得思索的）基因組學。

二波科學工業革命」出風頭的國家而言，如何培育科學知識、應該如何培育、推動並善加利用這些知識以利大眾等問題，便成了重要的公共政策議題。接下來的爭論雖由國家政治、文化與企業脈絡形塑，卻共有兩個基本方向。一個是相信促進國家與國際進步時，技術科學擔任的中心角色。第二則如我們接下來的論述，乃關於現代經濟應如何運作的重要思想轉變。

新的經濟途徑

私營企業對科學研究領域逐漸增加的投資，並未犧牲掉國家對經營科技發展的投資。相反的，這股力量因為政府改革政策架構，受到**輔助**。政策架構則因政府欲促進國家經濟成長與戰後國際間的經濟競爭力，得以加強。戰後世界中，美國霸權在逐漸融合的全球經濟具有競爭力的結構裡，占據了強有力的領導地位。一九七〇年代起，美國本土擁抱新自由經濟主義，同時於海外積極推廣。新自由經濟主義強調開放市場、自由貿易、私有財產權，以及個人能動性。它提倡嚴謹、市場導向的政治秩序，強調政府在經濟活動中應扮演不同的角色，嚴格限制公共開支，國家應當支持、而非領導民營企業。根據新自由主義理論，國家應放寬或弱化對商業行為的干預，減少公共服務，降低賦稅並創造更有彈性的勞力市場，追求「市場導向」的解決方案以面對經濟成長的挑戰。

歐洲與北美國家，願意嘗試新自由主義策略，儘管以一種不均衡的過程進行。他們採取的特定措施組合，由國家政治與經濟文化、在地社會力量共同平衡，並由逐漸全球化的經濟競爭策略規則共同塑造。新自由主義理論其中一項主要原則，在於對自由貿易的信仰。因此，採取新自由主義的國家，必須建構自己的國家經濟，開放貿易，好讓自己在國際上更有競爭力。然而，開放經濟卻使他們在面對更強壯、更有效率，以及科技更為發達的競爭對手時，變得脆弱。為克服這種弱勢，國家向國際機構要求提供經濟互動規則，並發展跨國「協調」的政策框架。他們同時也協助跨國資金流轉，資助經濟發展計畫。

美國有鑑於自身的霸權地位，極欲發揚以其為本的全球領導權，捷足先登推動這項政治經濟秩序。配合這項新意識形態，美國開始在首府華盛頓解除管制。吉米・卡特（Jimmy Carter）總統執政期間，政策制訂者關心石油危機帶來的經濟衰退，擔心革新的制度會導致通貨膨脹。因此，繼之的雷根政權，則在評估新的、現存的規範政策時，讓經濟「效能」與企業的合規成本（compliance cost），成為主要考量因素。政府以縮減經費、裁員與減少研究效能，按比例大幅降低管理機構生產力，開始著重在為私營部門逐漸提供外在知識來源。同時，行政機構有力回覆來自研究密集產業的遊說，他們希望政府透過稅收抵免補助私人研究，使這項誘因永久成為公司稅法特徵。簡言之，美國政府主動協助私人科學研究，而非加強投資政府的科學研究。

儘管其他北方國家重整新自由主義的途徑有所不同，他們全都採取廣義而言相同的政策，好在快速國際化與知識為本的經濟中維持競爭地位。漸漸的，他們開始以「革新」的新觀念闡釋策略，視之為經濟成長與競爭的動力。革新並非由新知識世代定義，或由科學與科技的應用定義，而是由經濟生產的知識應用所定義，為了促進當代資本主義經濟競爭力。而為了追求以革新為本的國際競爭力，政府企圖為私營、產品導向的科學研發，建立支持的政策框架。為達到此目標，他們補助研究、為私營創新開立稅賦優惠、為財產權所有者訂立更多財產權保護，並為科技革新設計寬容的監管制度。

國家不斷追求新自由主義政策，儘管這會使他們必須臣服於束縛主權的國際制度下。因此，國家本身便透過監控全球經濟而設立的國際制度重整，特別是在推行自由貿易上。在美國的領導下，諸如世界銀行、國際貨幣基金組織（the International Monetary Fund, IMF）、地區發展銀行等機構，發展國際協議貿易規範、國外援助、貸款活動，以及旨在撬開國際市場對逐漸增加種類的產品自由發展策略（從機車、食品到電腦軟體皆有）。這些努力的主要重心，在於世界貿易組織國際經管體制上。

此管理制度於三個關鍵面向協助農業生物科技相關政策成形。其一是藉由降低進口限額、關稅與減少其他貿易障礙，共同推動開發中國家農業市場自由化。此自由化過程，乃烏拉圭回合關稅暨貿易總協定（Uruguay Round of the General Agreement on Tariffs and Trade, GATT）之中心議程，始於一九八六年，並於一九九五年成立了世界貿易組織。許多評論者將GATT視為美國行使霸權的工具，及為美國產品開發新市場的利器，其中包括了食品項目。然而，GATT與世界貿易組織，為美國與歐盟間密集的農業貿易戰爭，提供了一個集中地，包含美國挑戰歐洲於一九九〇年代晚期禁止進口施打賀爾蒙的牛肉與基改生物。他們同時也提供南方世界國家一個途徑，使這些國家得以挑戰美國、歐洲與日本持續的農業補貼。

第二個面向是藉由在跨國組織中，定位制訂規則的權力體，協調國家監管環境。這和政府及企業積極想要透過增加的農產品貿易，促進全球農業食品系統運作有關。若各國以不同型態的風險或相異的在地標準規範食品安全，全球化食品供應鏈將無法順利有效運作。有鑑於此，一九六二年時，聯合國糧食及農業組織（The Food and Agriculture Organization）與世界衛生組織共同建立了國際食品法典委員會（Codex Alimentarius Commission, CAC），旨在透過保護消費者安全，保障食品貿易公平，以協調食品標準。食品法典委員會提供了規範，擁有僅次於世界貿易組織的強大權力規範成員國。世界貿易組織得以對成員國訂定具有約束力的規範，命令成員國採取較無「貿易限制」的法規。在新的食品安全體制下，監管政策基本需求，是它必須基於「正確的科學」，而非一些「無關的」標準，諸如美學、文化，抑或有可能發生的環境破壞，這些都有可能抑制貨品自由流動[3]。唯有不受現有科學證據約束，一個國家才有可能採取獨立的預防措施，進行相關農產品貿易。

第三項全球監管體制關鍵要素，則是在日益融合的全球經濟中，強化私有財產權保護。如我們已討論過的，這項努力的中心思想，堅信經濟成長在私營部門的努力之下才能有最佳表現，而國家在此最適宜扮演的角色，就是為這樣的創新提供輔助環境。這可以從建立強有力的法律與制度機制著手（舉例而言，專利、商標、版權），用以保護「心靈創造物」的智慧財產權，例如新發明、新設計、新植物品種，以及藝術與文學作品等等。政府與企業相信智慧財產權是最基本的，因為知識為本的經濟乃研究密集，一旦缺乏對研發的大筆投資，私有企業在投資風險甚高的創新研究時，便失去了經濟安全保障。更進一步想，在逐漸融合且以貿易為本的全球經濟中，這樣的保護必須盡可能受到來自全球各地的協調與執行。這導致了一九九四年建立的〈與貿易有關之智慧財產權協定〉（*Trade-Related Aspects of Intellectual Property Rights, TRIPS*）國際協議，由國際貿易組織（WTO）監督，為欲保護廣義高科技領域的智慧財產權，提供可實施的全球標準。TRIPS協定第二十七條之一如此規定：「專利必須適用於任何發明，**無論是產品**

或加工過程，在所有科技中，只要是新的，涉及創新並可在工業上應用的發明都含括在內。」[4]

在建立體制上所花的工夫，反映出已開發工業國家、國際金融體系及跨國企業的集體興趣，匯流成飛利浦．麥可邁克（Philip McMichael）所稱的「全球化計畫」[5]。在農業部門裡，這暗示了當代農業食物體系鑲嵌在全球，而非只是在地的貿易網絡、市場以及商品鏈之中。國家受迫解除對農業和食品市場的管制：雖然國際捐贈者與援助機構，強迫窮國大幅開放市場，富國通常仍傾向透過大量出口補助，保護本國農民。因此，農產品國際貿易便戲劇增加。貿易自由化使得農民臣服於新的市場現實情形，包括

3 「科學原則」旨在提供世界貿易組織針對食品安全的食品安全檢驗與動植物防疫檢疫措施協定（WTO's Sanitary and Phytosanitary Measures and Agreement）程序上的基礎，用以決議其合法性。該協定第五之一條，規定制訂科學風險測定基準，是一項基本義務。此論點也能縮小出口者與進口者之間的資訊鴻溝，平衡貿易夥伴之間的期許。

4 打從一開始，TRIPS就相當具有爭議性。因為大部分由協定倡導的「革新專業」都在北方世界，許多南方世界國家害怕這樣的情形，將導致大筆資金由南方國家轉移至北方。發展中國家同時也注意到，具有競爭優勢的地區，如有商業用途的傳統知識與習俗，能從TRIPS得到的保障很少。

5 麥可邁克將全球化計畫定義為「世界新興的視野與資源，由一大群不可靠的政治、經濟菁英所追求的全球性組織和自由貿易經營/自由企業經濟。」

新的全球競爭者、消費者口味，以及品質標準。同一時間，外國對農業的直接投資擴張，特別是跨國企業在全球各地建立國外分公司。這個過程的一個面向，是種子產業全球集中化，由大型跨國公司領導。為強化自身競爭地位，這些公司增加它們在種子科技的研發程度，並積極呼籲「生物工程種子、植物與動物智慧財產權，是創新基礎」。因而為新自由時代的「基改革命」，奠定了制度基礎。

社會運動的新面貌

如我們在前言提到的，一九七〇與八〇年代生物科技發展，涉及人類對大自然掌控的擴張，包括製造新的生命物種。因此，這份努力的深刻革命意涵，無可避免造成一些聲浪。首先，這些努力不僅可以改變自然，也可以改變社會制度、文化，以及責任規範。像是生殖科技、重組DNA，以及幹細胞研究，引發人類對於自身及在大自然、社會、政治秩序中的狀態產生質疑。因此，這些發展讓政策制訂變得更為政治敏感，挑戰著基本價值與倫理原則。更直白地說，就是科學與科技創新的美麗新世界，讓消費者對健康、安全以及風險提出新的質疑。德國社會學家烏爾利希．貝克（Ulrich Beck）在一本極具影響力的著作中，辯論二戰後的強力科技——核能、化學及生物科技——已對人類與生態福祉造成新威脅，這不僅在工業發展史上前所未聞，同時也更具威脅性，因為它們不受時空所囿。舉例而言，核能外洩就不受空間限制。同樣不受侷限的風險與化學有關，如酸雨、臭氧層破洞、有毒廢棄物等，也可能導致全球暖化。貝克認為，這些影響的累積結果，就是造成人們今天居住在「風險社會」（risk society）中，而科技發展對人類與生態福祉的潛在威脅無法被完全了解，一旦發生狀況，也無法全然掌控。

這些威脅，讓一些公民感到相當困擾，他們因此集體動員，針對這些風險發表意見。一九六〇與一九七〇年代開始，過多的「新社會運動」在歐洲與美國蓬勃崛起。有些是二戰後富庶的產物，他們利用並闡述晚近資本主義社會複雜多樣的評論，圍繞人權與市民的權利等議題組織，諸如和平、核能、環境、女權，以及永續農業。儘管這些運動背後的意識形態不同，它們全都有重要的，而且某方面來說創新的，社會制度與組織參與，這些參與和進步的資本主義與新知識經濟有關。

這些運動所表達最首要而深遠的關切之一，就是後工業社會的社會與環境成本。一個顯而易見的關鍵問題是，新科技破壞地球與自身福祉的能力：核能與化學戰爭帶來的殲滅威脅、非再生自然資源如石油與煤礦日益減少、大型工業對在地與全球環境介入，以及依賴化學的工業化農業對生態系統造成的巨大影響。儘管這些問題龐大而有系統，而且通常攸關環境，它們在市民生活中漸增的汙染（特別是毒物與酸雨）、核洩漏的可能、都市環境與建設的摧毀，以及無所不在的癌症中，都是實質可見的存在。此外，政府與監管機構，傾向於將此經濟發展模型的社會與環境成本，置換到在地與全球貧窮社群，促使行動份子在人權相關議題、環境正義、適當科技與可持續生計與發展上運作。反核運動特別清楚地，藉由關注和平、核能、有毒廢棄物、責任性，與可能導致末日且非必要的科技，提升運動的敏感度。反核運動的成長，反映了現代工業社會組織，正在對一般民眾的生活品質強加限制。若你活在被核外洩、有毒廢棄物與其他形態的汙染威脅中，那麼，物質生活無虞又有什麼意義呢？因此，這些行動份子受到的鼓舞，就是以知識為本的當代社會造成的解放作用，當代的生活被相當有力而駭人的風險與危險所阻礙。尤有甚者，這些威脅，本身即是科技與私有財產經濟成長的結果。

有鑑於晚近現代風險，對人類具有潛在威脅，關心議題的人們開始質疑社會現存模式，是否對維繫生活（與自我）品質和未來社會是最好的制度安排。他們開始高度關注，社會如何決定什麼層級或哪些種類的風險，可以被接受。產業與政府對科技的推動，諸如農用化學品、工業農業與核能發電，在知識經濟中，遭到批判質疑，質疑其責任歸屬與民主聲音/選擇。一項迫切的問題是，由社會組織主導的科技與成長模式，是否真能製造出「好社會」，不會在追求進步與利益時，造成自身的破壞。長期參與反基因工程的行動份子安迪・金布爾（Andy Kimbrell）表示：

有個改變、一項重要的改變發生……人們說：「嗯，等一下；我們要質疑整體的產業模式。」……我們在六〇年代企圖做的，不論是抗爭還是什麼，就是阻止他人製造這些我們難以了解自身責任的巨大體系。

關於責任感與民主責任制的問題，同樣也在戰後全球經濟的南北關係中被提及。一九七〇年代早期之前，幾名人士與幾個組織，已對主導社會的發展模式高度批判。這些基層導向的發展組織達成一項結論，就是由北方國家、國際援助機構和發展銀行以「第三世界」為名倡導的「發展」政策與計畫，不僅沒有改善窮人狀況，反而使之更加惡化。全球發展機構如世界銀行與國際貨幣基金組織，跨國援助機構如美國國際開發署（the U.S. Agency for International Development），皆傾向於贊助大型基礎建設如水壩、高速公路、電力系統等建設，持續圖利第三世界菁英，使這些地方的社會和經濟不公更加惡化。再者，這些計畫偏向透過貸款而非經援執行，意即它們無可避免地替接受援助的國家製造大量債款。這些行動份子，同時也指出南北「科技轉移」的負面影響，包括形成綠色革命骨幹的雜交小麥與稻米品種。對他們預期要幫助的人們而言，這些科技規模太大、太昂貴，而且基本上不合適。

一九八〇年代，關注健康、生物多樣性與其他環境層面影響的組織，在數量與大小上皆大幅度成長，並逐漸開始互動。這些組織針對如博帕爾與車諾比等環境災害議題、捕鯨工業、開發中國家嬰兒奶粉，以及大型水壩工程動員組織。其中一些團體是國際性的，諸如綠色和平（Greenpeace）、地球之友（Friends of the Earth）、國際消費者聯盟組織（the International Organization of Consumers Unions）、農藥行動聯盟（Pesticide Action Network）；其他則為各國組織。東歐的非政府組織與在地社會運動，在國家社會主義、去工業化與都市污染的脈絡下興起。相同歷程也發生在拉丁美洲，該地區於一九八〇年代歷經民主政權轉移。而在非洲，許多國家的地位，因為嚴重的腐敗和新自由政權重組有關，而受到貶低。南亞與東南亞地區，成長中的運動則有賴悠久傳統的社區組織。

儘管這些組織擁有自身特定的關心與活動，他們共有的關注，乃科技導向的全球計畫，對「永續發展」所提出的挑戰。公民社會組織，在聯合國對永續發展漸增的多國討論，協助行動份子團體彼此間的交流與合作。關鍵時刻是一九九二年的聯合國地球高峰會（United Nations Conference on Environment and Development），為生物多樣性公約（the Convention on Biological Diversity, CBD）與其附屬的卡塔赫納生物安全協定提供了契機，旨在為基因改造生物跨國流通制訂監管制度（我們將在第六章中討論這點）[6]。對於許多行動份子而言，特別是南方世界的行動份子，現代農業工業系統天生難以永續，部分原因是他們相信這套系統，將對生物多樣性造成深遠而無法挽回的威脅。

緊隨地球高峰會而來的，是在發展中國家興起的一些全新、帶有批判意味的組織，圍繞議題如永續發展、農夫與社群權利、保護生物多樣性，以及環境正義發展。這些批判的公民社會組織，逐漸在全球環境監管體制中，變得難以忽視，且經常可見，尤其是在聯合國體系中。同時，機構本身成為促成同質新組織成立的工具，因而催生了針對基改生物的反對意見。

公民社會行動主義與聯盟，在重組全球經濟政策的國際談判中，扮演了相同重要的角色，特別是農業貿易全球體系架構，以及發展中國家的經濟調整計畫和補助條件等。儘管公民社會組織與行動份子團體，並未直接參與這些跨國協商，南北世界的許多人民，都因相信新自由主義放寬管制，會對全球最缺乏資源的人民帶來環境與生計影響，而感到惴惴不安。許多人更對世界銀行與國際貨幣基金組織，針對窮苦國家的財政緊縮方案與債務深感憤怒，他們認為這對全球大部分的窮人而言是莫大的傷害。南方世界

6 公民社會組織在聯合國展開多國討論，早在第一場由聯合國所贊助的會議便開始，乃一九七二年於斯德哥爾摩召開的人類環境會議，由聯合國環境署協助舉辦。一九九六年，聯合國開放國際非營利組織正式的「諮詢地位」。

中，越來越普及的抗議與「國際貨幣基金組織暴動」，加強了南北雙方非營利組織，以及南方世界組織本身的連結。透過經年累月的跨國網絡策畫，公民社會團體在北方世界動員了一些反全球化活動，諸如「五十年已足夠」（Fifty Years Is Enough）活動來使世界銀行垮台，以及「千禧兩千」（Jubilee 2000）活動，呼籲取消第三世界的負債。這些活動在一九九九年十二月後，隨著一場在西雅圖舉行的反世界貿易組織會議抗爭，漸趨成熟。

儘管農業生物科技並非西雅圖行動的主要議題，它以街頭劇場的形式，試圖在全球化對生物科技造成的威脅，與全球農業由北方一群小公司壟斷的雙重擔心中，扮演溝通橋樑。對一些西雅圖的行動份子而言，農業生物科技代表了全球化過程的一個面向，帝國主義、專制跋扈，且本質上不公平。他們同時也將之視為公民社會對生物科技有效的反擊。總而言之，西雅圖一役，讓我們看到了公民社會新自由主義國際秩序的抗爭，而生物科技就是在這樣的秩序中成長。

民營科學企業到生物科技之戰

史考特．普魯德韓（Scott Prudham）表示：「生物科技與基因工程並非憑空而降，它們由特定文化與制度過程催生。」正如我們於本章中探討的，從較為宏觀的歷史層面看來，這些過程為了強化整合的全球經濟體系，此體系對知識密集產業倚賴漸深，也因科學與科技界的競爭就此開始。同時，這個體系極端仰賴智慧財產權，乃至經濟與地理範疇，基本上受到美國霸權與新自由主義鞏固。它使得民營企業的表現蒸蒸日上，賦予科學研究漸增的權力，並為民營企業提供支持環境。也明確為當代社會勾勒出一幅樂觀遠景，在此，科技科學就是經濟成長、國家競爭的基礎，也是一連串社會問題的解決之道。

然而，就在全新的生物科技從特定歷史情境中誕生之時，將這些科技召喚成形的過程，同樣也帶來新一批社會參與份子、批判主義及同盟，與之相抗衡。與晚近資本主義發展相關的風險、危險與不利之處，以及偶發的新自由主義全球化，使得抗爭矛頭對準了環境問題、經濟政策，與全球權力關係，培養出一批隨時準備好採取行動，反抗上述問題的行動份子。以資訊與知識為本的產業興起，促使人們對影響生活的科技與政策資訊需求逐漸增加；然而，這些正是產業公司不樂於分享的資訊，因為攸關公司的利益與競爭力。再說，正因技術科學生產能力優勢大部分集中在北方世界，窮困國家的居民，害怕外部技術將被強加於自己的國家。對許多國家的居民而言，新自由時代以技術科學革新為基礎的現代化，與其說是進步和自由，不如說足以破壞並剝奪他們的權力。社會行動份子對這種現象的批判解讀，因而為反基改生物，提供了成長的肥沃土壤，協助在生物科技支持者與反對者間，製造一股對立張力。

第二章

新的產業想像

我相信——許多頭腦冷靜的科學家也這麼相信——隨著新生物技術日漸發展，人類幾乎可以達成所有目標：新的生物、新的人體四肢與腎臟、新的疾病治療方法、控制害蟲新方法、自行製造除草劑的農作物……全新產業將販售我們今日無法想像，更遑論製造的產品。

——約翰．漢里

孟山都公司董事長，一九八二年

用長遠眼光看待產業化學製品，是恰當的態度。這麼做，讓我們預見了對美國及全體人類生活品質貢獻重大的企業。一項成長茁壯的企業，是國家經濟福祉基石……然而大眾尊重……並未隨著這些成功而來。反之，我們遭受批評、懷疑，承受人們對化學製品與化學產業的敵意。

——路易斯．費南德茲博士（Dr. Louis Fernandez）

孟山都公司董事長，一九八四年八月

一九七〇年代，兩個毫不相干的現象，促成一項對農業未來影響重大的新產業。其一發生在科學領域。一九七三年，詹姆斯・華生與佛朗西斯・克里克兩位科學家創造出新模型，呈現DNA雙螺旋結構。加州大學舊金山分校生物化學家赫伯特・博耶（Herbert Boyer）及史丹佛大學醫學博士史坦利・柯恩（Stanley Cohen），發展出將基因從一個生物體移接至另一個生物體的技術，有效跨越「物種障礙」（species barrier）。隨著這項重組DNA的驚人發現，博耶與柯恩，以及其他經年研究基因和基因構造的研究者，為生物科學打開了全新境地。對其他同是科學社群的人而言，沒有什麼消息比這還更振奮人心了。

另一個現象——或更準確的說，另一股匯流而成的現象——發生在商業領域。史上頭一遭，新的環境意識橫掃許多國家，促成一股聲勢漸長、對產業的不信任與批評。人們相信這些產業造成環境主要汙染，尤其是化學與石油化學產業。如費南德茲所說，化學製造業與化學產品，不再為大眾熱情接受；取而代之的，他們被敵意與批評環繞。在逐漸負面的氛圍中，相關產業（如農用化學、石油化學等）大型跨國公司了解到：是徹底改變的時候了。

此章節探討這些一度分離的社群、文化與生物科學領域，與另一方面的跨國化學、能源與藥品公司，如何匯聚起來，形成一個特殊的文化經濟作用物。此作用物包含許多價值數十億美元的公司，這些公司擁有相同的理性、規範，與做什麼可以成功的想法，還有一些觀看世界的特定方式。此生活世界核心，是對科學與科技基礎正面性質的信心，堅信不倚賴宗教、價值判斷或情緒，信奉「鐵的事實」與理性的科學觀點。此一信仰，和以公司成長、利益（一九八〇年代後則是股東價值）與競爭優勢成就定義成功與狀態的價值體系和心態，緊密相連。

在這份文化與世界觀基礎之上，企業於過去的一九八〇與九〇年代起，便開始建構一個「整合的生命科學」產業。為達此目標，他們大量聘僱科學家，吸納許多一九七〇年代晚期起步，開啟生物科技產業的小型企業。因為相信逐漸興起的生物科技，應用於農業、藥學、營養與醫學的潛力，以及改造成更乾淨、綠化且健康的公司可能，這些跨國企業為產業改造注入了大量資金、行動、思考和應用。漸漸的，他們成為生物科技真正主宰。

然而，該主宰體卻有著關鍵盲點與弱點。他們形塑文化的行為，最終為反生物科技行動份子製造了機會。舉例而言，許多跨國企業高層相信，無論新科技反對聲浪如何四起，都可以用（為企業設計的）政府政策和公共教育有效管理。他們認為，不認可生物科技將帶來利益的否定者，也就是反科技的「新盧德份子」（neo-Luddites）或環境極端份子，不可能獲得政策制訂者或一般大眾同情。對他們而言，在這些公司工作的科學家（與一些經理），非常相信基因改造所帶來的改變力量，以及為社會、經濟製造的利益，因此他們完全無法想像針對這些科技的反對力量，會逐漸成長並變得有意義。支持方和反對方，都很容易將對方的合法性和重要性打折扣。

還有一項弱點，在於大型投資及研發產品，進入專利與管理階段所必須耗費的長製期。為使產品迅速進入市場，公司面對龐大的壓力。有鑑於重大延誤足以釀禍，美國公司試圖積極穩定有利的商業環境。然而，他們著手達成這項目標的方法，受限於文化理解，一種社會學家稱之為「組織場域」[1]（organizational field）的範圍和本質。公司定義其主要股東（大部分在美國）為購買產品的農民，以及管制食品安全的政府機關，卻沒有評估位於商品鏈最下游的企業重要性，包含食品消費者。這些大型公司的商業文化與競爭策略，同時也引發了一些反抗行為。舉例來說，這些公司生存在華爾街逐漸成為主要裁判與指標的世界，其股票特性，就是為了迎合具有商業價值的研究，建立智慧財產權的需要。

儘管許多跨國企業於八〇與九〇年代，紛紛入股「生命科學」，它們並未嘗試開創

1 一個**組織場域**指的是「一個整體組織，組成一個制度生活的領域：主要供應商、資源與產品消費者，管理機構與其它產生相同服務或產品的組織」。

同樣的生命科學產業。商業策略的差異是最大的不同點。這些公司的內在文化與主要管理者傾向，特別是公司主要執行者，共同塑造了企業策略。一家公司獨特的歷史，以及管理者對各種經濟效益的觀點，也形塑了企業策略。簡言之，不同公司對生物科學承諾的認真、以及何時該放棄這份承諾的想法，都有很大的差異。

為了分析公司文化如何影響公司對於生物科技農業文化的投資行為，我們將於本章特別著重探討孟山都公司。孟山都是一九七〇年代開始轉入生物科技部門的大型化學公司之一，並於一九八〇年代崛起，成為這項產業的領導者，直至今日。雖說其他許多公司亦為此科技主動開發者與產業重要參與者，沒有任何一家公司投資如此多時間、金錢、人力，在這項產業建立地位，也沒有其他公司對同樣的產業與科技命運，發揮同等影響力。毫無疑問，若有一家公司名稱，在世界上和**基因改造**成為同義字，那個公司絕對是孟山都。

產業是這麼開始的

事實上，生物科技產業並非以大型跨國企業起家，而是以一群小型、專業化的「新創生物科技公司」起步。這群公司首先於一九七〇年代中期進入產業，並在後來的幾年中，數量迅速增加，一九八二年時，總數超過了一百家。雖然這些新創生物科技公司之中成功茁壯長存的並不多，但它們在將分子生物與分子生物學家，從大學院校推進產業領域的過程裡，扮演了相當重要的角色，同時也激發出關於這項新科技的巨大熱情，催生許多推動產業起飛的科學進展。

基因泰克（Genentech）的故事，說明了許多新生物公司起步的過程。赫伯特・博耶和史坦利・柯恩發明基因剪接技術不久後，一位名為羅伯特・史旺森（Robert Swanson）的年輕創業投資者，從《科學》期刊上得知這項新突破，並對重組DNA可能提供的商機，抱持很大熱忱。史旺森以創業的主意拉攏博耶，博耶則同意出借實驗室，貢獻自己的才能和名聲。一年內，基因泰克誕生了。

隨著基因泰克腳步而成立的公司，另有Genex, Biogen, Hybritech, Molecular Genetics, Calgene, Genetic Systems等其他公司。這些公司事實上都具有以下三項元素：一些想離開學院或可能被吸引到業界，具有生意頭腦的科學家；一個或兩個工商管理學碩士（MBA），有能力將圈內科學發展為吸引人的商業點子；一群投資者，有興趣支持可能獲得龐大經濟利益的高科技、高風險投資。這些元素放在對的位置上，生物科技產業就此扎根。

根據大多數解釋，新創生物科技公司與他們的員工，是高度有活力且有企業家性格的團體。幾項因素，造就了許多新創小型生技公司緊湊活躍的文化。其中之一，是將分子生物與相關生物科學領域應用在醫學、藥物學與農業時，人們所感到的純粹興奮感。從這些產品的社會需求與市場需求看來，這是個機會無限的場域。舉例而言，基因泰克著手研發的產品之一，是可以製造胰島素的基因改造細菌，光在美國本土市場，每年就有好幾十億美元的需求量。另外一家總部位於加州的公司，Hybritech，則著眼發展可用於診斷與治療疾病的單細胞繁殖抗體。同樣的，這項發展也代表了巨大市場。擁有這般市場潛力，要產業裡的人不感到興奮也很困難。

新產業的競爭本質，促成了許多新創生物科技公司，令人腎上腺素飆高的興奮氛圍。產業發展初期，基因工程領域的科學與商業競賽，主要在於比其他人先一步辨識基因與其功能。時間是基因發現競賽的要素，科學家狂熱工作，只為比其他研究團隊更早抵達終點。科學發現如此重要的原因一目了然：美國專利法規定，成為「首位發明者」，是獲得專利的關鍵條件。一旦一家公司在基因或基因改造領域建立智慧財產權，便可得到使用或授權的排他權利，因而確保投資方源源不絕的收益。專利使公司得以實現生物科技投資價值，同時於財產權中具體化該價值。對於長期缺乏研究經費的小公司而言，智慧財產權具體化的價值，等同於企業的命脈。

然而不論這些科學家與同業，對工作注入多大的心思與努力，也不論他們在專利辦公室多麼成功地宣稱主權，小型生物科技公司仍舊打著一場生存的硬仗。科學的未知、完成工作所需的高技術人才，以及耗時研究等因素，都使得新分子科技的研究費用相當高昂。再說，產業發展初期研究，主要目的仍是測試，而非生產產品。因此，許多公司有好一段時間，沒有產品上市。雖說對於擁有幾位頂尖科學家的新公司而言，要吸引一些創業投資者參與並非難事，但要維持那份收入來源**著實**困難。一位新生物科技公司共同創辦者哀嘆：「要我們不斷回到華爾街說『我們需要更多錢，我們需要更多錢。』是很困難的。他們就是不會再給錢了。」像這種狀況，幸運一點的，會有大型企業出面說：「好吧，看來你們真的有發明出東西來，我們現在有錢，可以資助你完成計畫。」他們提出讓人無法拒絕的價格。對許多產業的新創公司負責人而言，讓一家更大的公司買下所有權，或買下一大份權益股，是小公司維持生存的最大希望。的確，對於小型創業者而言，或甚至對資助他們的創業投資者而言，讓大公司買下是一項明確目標。

吸引跨國企業的原因

從一九七〇年代晚期開始，一批大型跨國企業也開始對新興基因工程科學漸感興趣。他們之中有主要的化學與農藥生產者，如孟山都公司、陶氏化學公司（Dow Chemical）、美國氰氨公司（American Cyanamid）；以藥品製造為主要業務的公司，如禮來公司（Eli Lilly）、山度士（Sandoz）、汽巴．嘉基（Ciba-Geigy）、巴斯夫（BASF）等；以及一些主要以能源公司著稱的企業，如荷蘭皇家殼牌集團（Royal Dutch Shell）與西方石油公司（Occidental Petroleum）。因為企業本質與針對科學研發的持續投注，這些跨國公司在歷史上，便將重點放在科學與科技的發展。因此，當重組DNA相關資訊開始散播，更多的小型生物公司興起時，這些企業便很快注意到了它們的存在。

對那些大型企業掌舵者而言，投資新的生命科學，被視為是讓公司站上產業尖端的方式。孟山都公司當時的執行長約翰．翰里如此解釋：

> 是什麼讓我們想要……對基因工程挹注大筆投資，是相信因為基因工程興起，種子科技、農業科技與藥品製造業所有投資者，都（必須）重新來過。即使基因工程涵蓋的意義也太過遼闊深遠。精通基因工程，就意味著開發新產品時，可能成為第一線。這是預料中的。

正如另一位產業參與者回憶當時：「我們的公司——『聯合化學公司』（Allied Chemical）和其他許多公司的看法一致，就是生物科技將成為未來產業趨勢……所有這些公司——汽巴、山度士、捷利康（Zeneca）——都是在農業與化學方面相當傳統的公司……所有人都將生物科技視為不再依循傳統的途徑，這項產業也的確有利可圖。」許多大型公司同時也被科學家與商業出版社散播的觀點強烈吸引，也就是將化學、生物、分子基因學與藥理學等科學合成一塊後所獲得的綜效。這項整合生命科學的支持者認為，新生命科學基礎研究能影響的範圍相當廣，包括藥物研究與製造，乃至能源製造與動植物生命的轉化。這些企業領導者得緊緊抓住這些機會。

化學產業尤其受新產業激勵，樂意投資，因為有來自自身的壓力——在生物科技誕生前夕，化學產業已是夕陽產業。一九六〇年代早期，瑞秋·卡森（Rachel Carson）廣為人閱讀的反化學著述《寂靜的秋天》（*Silent Spring*）一書風靡全美，在美國本土與海外點燃一波新的環境運動。正如本章開頭第二段引言所述，政治氛圍對化學公司的環境意識，明顯而可覺察。雖然產業高層絕不會公開承認，但大眾對化學產業的態度如此負面，以至於某些執行長相信，產業未來將遠離「骯髒的」化學物，轉往大眾認為更乾淨、環保的路徑上。生物科技提供了化學公司一個更清晰可見的途徑，讓化學公司得以用一種新的、環境敏感的方式，把自己偽裝起來。

兩項額外因素，共同將化學工業的未來，推向生物科技。第一項由讓產業遭受困擾的新經濟壓力組成。一九五〇與六〇年代，大型化學公司以化學、塑膠與其他合成物為基礎的一波新革新，累積了一大筆財富。然而到了一九七〇年代，成長停滯。專利不斷用罄，產業花費因為新的環境規範、暴增的能源花費，以及一系列反對產業的訴訟案件，持續上升。因此，美國杜邦公司當時的資深副總裁，艾爾．美克拉可藍（Al MacLachlan）表示：「營利簡直是完全沒有救了。」第二項考量本質上是心理層面的，並且與企業執行長對企業走向的判斷有關。生物科技越來越像未來潮流所趨。對於那些投資**失敗**，錯過關鍵潮流的公司而言，後果可能是一場災難。於是，一些公司投資新的生物科學，作為降低產業失去地位的防禦策略。

站穩腳步

富比士全球五百大企業——杜邦、亞培（Abbott）、陶氏、巴斯夫等，於一九八〇年代進軍生物科技的跨國企業，都是龐大的企業聯合體，滿是研發預算與廣泛的經濟投資興趣，以及全球商業運作的視野。舉例而言，一九八二年時杜邦公司是資本額三百二十億的大公司，有大約九十家主要分公司，散布在超過五十五個國家。於同年達到二十六億銷售額的亞培公司，也是一家大型跨國藥廠。這些都是擁有上億資本額，對新經濟領域做出承諾的大公司。短短幾年間，所有認真看待這些新努力的跨國企業，都斥資上億元研發新科技。

跨國企業追求四項補助策略，好在生物科技領域中站穩腳步。首先是建立公司「內部」研究能力，通常藉由聘僱極端傑出的科學家，組成世界級研究團隊。舉例來說，孟山都公司決定投資生物科技時，斥資一億八千五百萬美元，在密蘇里聖路易斯市建立全新尖端科技分子生物研究室，聘請加州大學爾灣分校生物科學院院長，浩德・史奈德曼（Howard Schneiderman）教授前來主持。身為公司新任研發副總裁，史奈德曼身負重任，握有聘請所有研究科學家的經費，致力使孟山都公司成為「分子生物重要世界代理商」。杜邦公司於一九八二年亦採取相同策略，聘僱美國國家癌症研究所（National Cancer Institute）分子生物研究室執行長馬克・皮爾森（Mark Pearson），主持公司新的分子生物研究計畫。皮爾森招募了幾百位新的科學家，為製藥與農業相關計畫工作。

這些大型公司採取的第二項策略，就是和大學院校成員以及研究室，建立長遠關係。這種關係，促使跨國企業得以留心大學執行的尖端生物科技研究，賦予他們一定權利，並且發執照給這些因計畫而出的專利發明。再者，跨國企業與小型生物科技公司簽訂合約，執行特定研究計畫。對孟山都或聯合化學公司這樣的企業而言，簽訂合約的優勢，在於跨國企業可從現存公司中找到它們所需要的專家與生產能力，不需要再額外花

2 這樣的合約安排亦有利小型生物科技新創公司，提供研究所需的大筆資金。

費，聘請專精這項領域的科學家[2]。於是，許多大型公司向新創生物科技小公司購買股份，或是乾脆直接把公司買下來。這麼做為跨國公司提供了利用新創公司研究專業領域的捷徑，若科學家有了重要發現，或在股市表現良好，公司就可以坐享意外橫財。若一家新創公司特別「火紅」，手中握有大公司覬覦的專利或競爭力，這些大公司就會直接把小型企業買下，取得其資產（包括專利權）也同時除去這個競爭對手。

生物科學與業界聯姻

生物科技公司創立（或重整）的過程中，與投資基因工程的大型跨國企業，將兩個獨特的世界、世界觀與文化合併。產業分子生物學家、植物科學家與基因學家，以及經營這些大小型企業的人一起工作時，各方都將自己獨有的思考與行為模式，以及信仰體系帶入，並以關鍵而微妙的方式互相影響。

科學家的世界

正如我們前面所談到的，大型跨國企業決定向生物科技研究進攻時，往往會在科學排名大作文章。多數由他們聘僱的科學家，直接從大學院校被挖角過來，而大部分分子生物研究在學校裡進行。小型生物科技公司，同時也從大學延攬科學家。雖然許多研究型科學家，最初都不願意離開學術世界，因為在此他們坐擁中立的良好名譽，以及公認傑出的科學研究，而今他們漸漸也開始著手規畫新的職涯道路。業界能提供專業科學家幾項優於大學職位的優勢：遠高於學校薪資的酬勞、追尋自我研究興趣的機會，毋須費時撰寫經費申請書，以及與其他一流同事進行尖端科學研究的機會[3]。

對在生物科技產業工作的科學家而言，特別是那些在大型且資金雄厚，如美國杜邦與孟山都等公司工作的科學家，一九八〇年代是美夢成真的時期。他們有資金、優秀的同事，也有追求基礎科學研究的機會，得以將研究成果發表最受人尊敬的科學期刊。身為一位科學家，還有什麼比這些更吸引人的了？拉爾夫．瓜卓諾教授（Dr. Ralph Quatrano），是在八〇年代中期進入杜邦公司工作的其中一人[4]。他在奧瑞岡州立大學

3 事實上，有兩個團體共同為生物科學打造此一新的職涯道路。其一由本身已是教授的科學家組成，他們在專業領域已頗有聲望；其餘則是那些決定自行開設生物科技公司，或是被產業延攬，領導企業研究的科學家。另一個則是由新科學家組成的新世代構成，這群人過去的典型職業道路，是在研究型大學做博士後研究，再回學校機關擔任助理教授。對許多科學家來說，不論年輕還是年長的，要想打破這樣的模式，都不是一項簡單的決定。

4 一九八〇年代晚期，拉爾夫．瓜卓諾教授回到學術界，任職華盛頓大學聖路易斯分校生物學系，享有很高的學術聲望。

擔任植物學教授，服務將近二十年後，同意暫時離開奧瑞岡，來到杜邦公司主持植物研究團隊。瓜卓諾回憶，他在這家位於達拉華州公司工作的三年內，公司科學專業的建立相當快速而令人印象深刻。從一無所有開始，杜邦公司單單在瓜卓諾教授的領域便聘僱了幾十位新研究者，讓他們自由發揮。「簡直像在天堂一樣。沒有預算限制……不論你想做的是什麼研究。」瓜卓諾教授這麼說，語氣中明顯帶有一絲懷念。

我擁有的很可能是我所能想像的最佳團隊，有十五位負責基本研究的研究員。三年內，我和一兩位博士後研究員，完成了一些最好的研究。我們的投稿一篇登上《科學》期刊，另一篇則上了《自然》期刊……在學術界研究時，我從來沒有過這樣的好成績！

最重要的是，完全沒有產品開發的壓力，至少在頭幾年裡是如此。

我們很難再高估科學家創立基因工程新世界時的興奮程度。重組DNA發現後的數年間，所有科學家一致強烈認為（尤其被媒體吹捧），這是一項實際上潛力無窮的新科技。根據當時的描述，基因工程可以使得魚類在刺骨寒水中生存，番茄不會在運往市場途中受傷，營養作物的產量得以增加。這項科技的先驅之一，瑪莉．戴爾．契爾頓（Mary Dell Chilton）一番話，反映了科學家共有的樂觀主義。「解決方法很快就會有，」契爾頓在生物科技誕生不久後宣稱。「三年內，我們有辦法（以基因操控）讓想像力帶領我們做任何事情。」

而事實是，契爾頓當時的評估有點太過樂觀。然而，科學進步的確在不久之後到來。不到十年的光陰，科學家便成功解出如何生產合成人類生長賀爾蒙，把一種名為蘇雲金芽孢桿菌（又稱蘇力菌，*Bacillus thuringiensis*, Bt）的天然生成昆蟲毒素，藉基因改造技術轉殖到植物中，使植物對特定除草劑免疫。參與諸如此類的發現工作相當令人陶醉，更加刺激了科學家的學習欲望。在孟山都長期工作的一位科學家，如此形容：「像羅伯、菲爾和我是公司裡的主要科學家……我們都想著，你知道的，『來執行下一個大計畫吧。下一個挑戰是什麼？下一座要征服的山在哪？』」

關於新科技的安全顧慮，沒有太多討論。一部分因為他們受過技術訓練，另一部分則因他們對自己的科學知識感到自豪。大部分產業裡的科學家，堅信這些技術對人類和環境都是安全的。這樣的信任感越來越強烈，而那些以重組DNA科技工作的科學家，也比以往都更相信這項科學的「安全性」。「這和我們長期研究的東西沒兩樣；它只是更好，更有效率罷了。至少從我們過去十五年的科學經驗來看，這項科技本質上更安全。」一位植物病毒專家如是說。許多科學家欣然承認其中涉及風險，但他們評定為小型風險。再說，所有科技都與風險並存；這就是科技的本質。「所以問題是，我們說的，究竟是哪種風險？」一位在業界工作多年的生物化學家表示。

會有人體安全方面的疑慮嗎？我的意思是，因為已經徹底經過研究了，所以沒什麼是「有風險」的。這時候你就得說：「知道嗎？我實在沒法從這裡找到任何風險，所以沒錯，這是零風險的。」可是……有沒有可能明天就有人發現新的檢查工具和方法呢？這是有可能的，但不一定。所以，如果有人對你說某樣東西是零風險，那他們就是太貪心。沒有什麼研究完全沒有風險。

另一名科學家則表示，若科學家與發明家被以高標準檢視，就沒有科技能為社會接受，或有機會上市。

如果你相信任何潛在的風險，都是不讓產品上市的理由——你也知道，我老是聽到這種說法——嗯，那根本就不會有汽車出現。也不會有飛機；大多數上市的藥品也不會上市……如果所有可能有風險的產品都不上市的話，我們現在也不可能用電話交談。

更重要的問題與那些風險的重要性，以及它們如何反對科技提供的利益有關。因此，實質上這與如何做出最好的選擇有關。一位植物生物學家表示，人們需要理解的，「就是它一定會有回報。這是風險評估，所以你想做什麼？是想在南方的棉花田灑上一億加侖的殺蟲劑，還是想種植蘇力菌基因轉殖的棉花？」許多科學家認為，期待所有科技都零風險，是近乎荒謬的想法。對他們自身和公司重點投資的科技來說都是如此。

成就一樁好事

對於在新創生物科技產業研究核心的科學家來說，一九八〇年代之所以獨特，不僅因為人們有能力做大筆資金贊助的尖端研究，也因為基因科技新興工具看似能為世界做一些好事，除了貢獻新知識以外——同時也將得到報酬。「那天的討論集中在『我們可以拯救世界，餵養世界，增加生產力，農民也可因此增加收入。』」一位產業科學家回憶。辨識新藥品，幫助人類抵抗健康問題，發現比從前更廉價且有效率的新製藥方式，為農夫病蟲害與雜草問題找出更好的解決之道——所有這些計畫都對社會有好處，許多科學家也為自己可能為社會帶來好的貢獻，感到高興不已。

農業科學家熱情擁抱新生物科技，因為這項科技有潛力提高農業生產力。這些科學家通常在美國政府贈地的研究型大學裡受訓，將提升農業生產力與解決（主要在美國的）農民問題，視為農業研究最終目的。比起可能使用的傳統動植物育種方法，基因工程不過就是更快速、有效增加農產量與解決農業問題的方式。尤有甚者，在許多科學家心目中，基因轉殖的新方法更是準確。「我們不過是將一項基因植入，就可以準確得知它的走向。」一位植物病毒學家這麼說。「過去我們在玩轉盤，現在我們可以控制轉盤上的那顆球，要在哪裡停下來。」另一位生物科技研究者表示。

正如大多數生物科學家的認知，基因工程不過是人類種種先進食物生產方式的其中一種。「我的基本假設是，基因科技簡單來說，就是所有其他應用於農業的科技總和。」一位原本為科學家，後來轉往生物科技產業的企業家解釋。

從很久以前的拖拉機、肥料、除草劑、殺蟲劑、省工裝置、冰箱、交通工具、新品種就開始了，還有近幾十年來，利用基因轉殖方式的基因改造……從企業角度來看，我找不出有什麼差別。這不過是另一種增進生產力的方式罷了。

讓產業科學家相信生物科技價值的理由，是他們認為這項科技，將對環境做出有利貢獻。他們認為基因工程能將農業從對有毒化學物的倚賴抽離，邁向對環境更友善的農業生產方式。「我們相信，」一位因為非化學蟲害控制解決之道，而在生物科技產業工作的昆蟲學家說：「我們試著從有毒的傳統中離開。我的意思是，如果……你對棉花噴灑十五次噁心化學物質，或是你轉殖蘇力菌基因（非常安全），那麼……這就是一件容易的事。」根據這位科學家的說法，他有許多同事都對基因工程的社會反彈聲浪毫不設防，因為他們相信自己在做的事，對環境有益。

科學家——嗯，從資深管理者到科學家——全都有著非常、非常強烈的信念，堅信自己做的事對世界有益。因此，孟山都對自己被敵視感到相當驚訝，因為公司裡的每個人都認為，「我們正在讓化學物質遠離市場，並以這項新科技綠化世界。」

這種想法揭示了產業科學家理解基因工程的方式，以及他們如何觀看自己的社會角色。科學家打從心底認為，自己正在把好事做好：減少工業農業對環境的影響，增加農業生產力，解決美國農民的需求。更甚者，他們用以達成此崇高目標的科技全然安全，至少根據現有的線索看來是如此。

產業科學家對生物科技前景的看法對產業的商業夥伴有著很大的影響力。的確，一起密切工作的過程中，這兩個群體的觀點更加一致，科學家分享他們對產業的熱情與信念，經營者則吸收這股正面能量，並開始著眼下一步。將對基因工程漸增的喜愛，以及對新產品上市所需的敏銳度結合，這些企業經營者儼然成為生物科技最積極的發聲者。

這些商業經營者中的一些人，本身就是（或曾是）科學家的事實，更強化了這項共有的看法[5]。

另一方的觀點

二〇〇四年五月十日，以下交流發生在一位來自美國小型生物科技公司的微生物科學家與我（瑞秋）之間：

科學家：然而，我們這樣的小公司底線，就是「意見多樣性」會變得匱乏（至少從我自己的觀點看來）。會有一條「政黨路徑」，每個有農業基因工程問題的人要不就(1)不懂它（不曉得自己到底在討論什麼），要不就(2)是個盧德份子（Luddite，反新科技者），或者是(3)不善於科學。

瑞秋：誰創造了那條政黨路線，它又是如何被社會維護？它如何影響受聘者與反對方的互動？

科學家：這當然只是我自己對這番情形的詮釋。這是企圖理解我認為普遍的現象時，達成的結論——也就是說，它超過了（我們的公司）——分子生物基因工程科學家之間的狹隘心理。

我並不確切知道，究竟是誰創造了那條路徑，但多數我知道最為人尊敬、一流的植物分子生物學家，都能默誦它——我的理論是，它和由吉姆．華生（Jim Watson）提出的，一種簡化的觀看基因與其表達的方式有關。我想這同時也與分子生物科學家對科技潛力持有的熱切信念有關，他們滿腦子都是新科技的好處，以至於完全無法看穿這可能也有負面影響。

結果就是（我的同事們）與大多數利用分子生物科技的科學家——不論是業界或學術界——都不認同那些反對者提出的質疑。

由此可知，產業科學家對新科技安全與對社會有益的頑強信念，大大影響著他們對反對者以及明顯針對基因工程的爭辯的看法。典型的產業科學家與商業人士認為，任何反基因工程或贊同評論家說基改食品不安全亦對環境有害的人，不是缺乏理解科技如何

5 儘管這兩個觀點一起出現且彼此強化，這個過程並非順利無比。多數大型聯合企業裡仍存在等待被說服的保守派。農業化學公司尤其如此，它們多年研究、開發農化品，將農業化學品上市。當農業生物科技到來，部分成員視之為對他們已投注許多時間與精力的既有產品的威脅。

運作的科學背景，就是個反科技的「新盧德份子」，或者有政治考量。因此，他們的評論被視作無效[6]。

聽到產業科學家與行動份子如此形容自己，將這些觀點解放，並揭露產業科學家在自身與生物科技評論之間的巨大裂隙。有鑑於此，一位植物生物化學家一席話，便值得我們摘錄。「我們的文化相當理性，」這位前孟山都科學家企圖了解對手的思想時，這麼解釋。

好吧，產業和產業科學家，透過「好吧，事實是什麼？我要的不是情緒，而是事實是什麼？」的態度處理一切……因此，嘗試以這樣理性、有組織、有系統的方式看待世界的文化，有條有理處理一切、找出解答，才是我們的產業試圖要做的事。

但若以行動份子的看法……「複製不是件好事。」「**為什麼複製不好？**」「複製不好，因為我的宗教領袖這麼說。」「**為什麼這位宗教領袖要這樣講？**」「我也不曉得，你自己去問他／她。神在夢中告訴我要這麼說。」所以你到底該怎麼辦？

換言之，這位科學家以一種事實的、科學的，以及（因而）理性的觀點觀看世界。反生物科技行動份子與他們的追隨者，則被定義為非理性與混亂的思考者，有信仰而不憑藉事實。另一位科學家，則以較為尊重的方式談論那些反對科技的人，卻也將他們與一位耶和華見證者（Jehovah's Witness）的親戚相提並論。他認為，不論事實真相如何，要說服某位深信一件事的人，告訴他事情並非他所相信的那樣，根本不可能。甚至根本就不值得一試。

一般大眾基礎科學的缺乏，是我們所訪談的科學家與商業人士的共識。這個共識讓他們相信，人們之所以反對基因工程，往往出於無知。一位生物學家講述一則故事，他同事的老婆上超市詢問一牌已經上市的基因改造番茄醬，收銀台的女人看著他的老婆，問她：「妳吃的那些番茄也有基因嗎？」他認為這則經驗清楚說明了一般民眾的無知程度。「對我而言那是一條底線，」他總結。「一家想把每件事情都做對的公司，成功運用科技並正在賺錢，有自己的品牌。好了，然而另外一頭的人……對她自己吃下肚的食物一丁點兒都不了解……每次吃午餐，她就吃下了一千五百公尺的ＤＮＡ！」

因為多數產業科學家與他們的商業夥伴，相信行動份子對基礎科學完全不了解，更別提基因工程，因此很容易無視他們的論點，並為行動份子貼上江湖術士的標籤[7]。他們打從心底認為行動份子沒搞清楚情形。「我的意思是，如果你在水壓之下還能種玉

6 這部分討論的觀點，可普遍應用於這些公司的專業科學與商業成員。

米，有什麼比這還要更好呢？」一位產業科學家與官員問：「為什麼要對這項新科技懷有敵意並抗拒呢？說真的，直到今天，這件事都讓我感到震驚和不解。」加深他們對行動份子的蔑視的，是他們相信許多行動份子刻意操縱事實，為自身的政治觀點服務。「不論他們（行動份子）的支持基礎是什麼，或者他們想推動的是什麼，」一位前孟山都科學家說，「事實就是他們根本不介意把事情扭曲、翻轉、丟來丟去，再用一種沒什麼理性基礎，情感上卻相當吸引人的方式連結起來。」另一位科學家特別將有機食物運動挑選出來，作為可鄙的一連串行動，認為他們扭曲事實賺錢：

> 我想，那些推動反科技運動的人，是相信〔反生物科技行動份子〕宣言的有機團體，那只是**宣言而已，不是科學**！「不要冒險；買有機食物，」〔行動份子說〕。他們大肆宣揚有機食品的安全和營養。他們沒有宣言。他們什麼都沒有。他們能說的只有：「別冒險了；買我們吧，」這一切都是因為金錢的緣故。

那些將基因工程視為對環境有益的人，也許對行動份子社群最感憤怒。從他們的觀點看來，針對生物科技的批評完全對基因剪接能提供的利益視而不見，儘管這些評論家理當追求的是更有效地運用環境。產業行動者發現這項明顯的矛盾，令人抓狂又非常難以理解。一位植物生物學家深感挫折地搖搖頭，大聲疾呼：

科學真的在進步，〔為了〕大眾利益可以實現的事情，遠比被允許的還要多。我們有絕佳的科技。你曉得，可以發明不用再噴殺菌劑就可以去除灰黴的草莓。還記得每次把草莓拿回家，它們如何在幾天內發霉變軟嗎？你〔可以〕終止這種情況。而且你也知道草莓上市前，是沐浴在殺菌劑中的。

諷刺的地方在這。大多數草莓生長在加州……那裡有為數最多的〔殺蟲劑〕，也有不允許種植生物科技作物的門多西諾縣（Mendocino County）。然而他們卻也是受罪的一群，得到最多的化學劑量……在一天的尾聲，你說：「等等，我們試圖生產更乾淨、更健康的產品！」

7 這項規則的一個重要例外，是由其他關心議題且踴躍發表意見的科學家，如哈佛大學的喬治・沃爾德（George Wald）教授提出的顧慮。這些論點並未立即消失，它們在一九七〇年代中期出現時，也沒有得到任何關注。一個可能的理由，就是沃森與克里克定理（Watson-Crick dogma）還沒被超越，仍舊維持基因轉殖領域的領導地位；第二個可能性，則是生物科技潮流已然如此強勁，幾位持有反對意見的科學家的努力，全是白費唇舌。我們謝謝羅伯特・亞徹教授（Dr. Robert Archer）提醒我們這一點。

像這樣對環境富有意識的科學家，通常會提及的另一個例子，是蘇力菌作物。這些已被基因改造，具有耐蟲性的作物，使農夫得以減少殺蟲劑量。他們認為，使用蘇力菌作物對關心環境的人而言，應該完全沒有疑慮。然而行動份子卻不這麼認為。這種思想對產業科學家與經營者而言，相當不可思議。

正如先前的討論，一九八〇與九〇年代產業科學家的生活世界，帶有某種偏狹。我們訪談的其中一位女科學家也這麼表示。「他們沒有常常出去，」她為同事下註解，有別於自己時常向不同的群眾演說。「你知道，我覺得他們大多數都很封閉。」大部分產業科學家，認為自己的知識水平很高，也將自己定位成沒有偏見的專家，了解科學事實，並以專業基準詮釋這些事實。在他們的生活世界裡，事實就是事實，證據就是證據，互不相干。他們不認為自己的生活世界有一套行為模式、共有觀點、集體導向和假設的社會文化世界。世界觀與政治在這套架構中不具有位置。的確，它們毫不相干。所有這些觀點，都限制了他們對反對方的敏感度與理解力。

產業生活世界

產業科學家並非是生物科技業界裡，唯一帶有一套根深柢固的信念、「常識」觀點和特殊觀看世界方式的人。企業執行長與聘僱這些科學家的公司經營者，也是如此。生物科技產業「商業面」，普遍由在業界工作多年，通常已有數十年經驗並曾經受過某種正式商業學校訓練的成員組成。許多人是農業、化學與醫藥業界中的老手，已為相同企業工作多年，也已被灌輸了一些特定觀念，諸如成功或保持領先的方法。一九八〇年代開始，多虧美國金融市場放寬管制，他們開始學習如何短期將利潤最大化，以及關於眾所皆知的「股東價值」。簡言之，這些商業老手加入生物科技產業，以他們過去與現在的商業經驗思考、行事。

當然，這些經營大型跨國企業的商業人士，受到三項廣泛而緊密相關的目標影響最大：維持利潤、讓企業成長，在競爭中得勝。沒有一個商業人士會質疑自己的主要目標，以及公司存在的理由，就是為了要賺錢並清楚將公司強盛成長的訊息傳遞給市場。公司的健全與價值操之於華爾街，這在這些公司的辦公室、走廊、實驗室裡眾所皆知（而且時常被提醒）。的確，事實上，所有資深執行長的薪資待遇，皆與華爾街的評估緊密相連。當一家公司的股票價值上漲，它們（通常大規模的）優先認股權價值，也會隨之水漲船高。當股票價值走低，它們財產的可觀數目也會減少。這些公司在生物科技注入投資，因而有了中心目標：為公司創造上漲的利潤空間。

一九八〇與九〇年代，儘管所有企圖在生物科技基礎上發展的大型公司，皆以清楚全知的市場心理運作，並非所有人都嘗試以相同的方式，達到公司成長、獲取利潤與打贏競爭的目標。一些它們參與的行為在產業中廣受採用，其餘的則依公司而有所不同。在常識或共有的行為裡，許多可以被歸咎於「聯合大企業」的運作模式與當時的企業心理，還有某些（新興的）生物科技產業特質，例如它對智慧財產權的深重倚賴。就主要的公司差異而言，個別的公司文化，往往扮演了強有力的角色。

大型企業的運作方式

如我們更早所述，孟山都、諾華與杜邦等公司決定開始執行分子生物科技研究，它們持續將大筆資金投入。這些公司做出如此大型投資的理由，是他們的淨資產，總價值高達數百億美元。然而，另一個理由與公司以科學為基礎的產業有關，因此公司價值有賴針對研發的投資。舉例來說，醫藥產業的規範，指明公司必須將收益的百分之十五投資在研發，而化學與農業公司通常分配收益的十至十二個百分比在這一塊。對一個有兩百五十億資本額的公司而言，收入的百分之十就足以代表一大筆金錢數目。

以科學為本的企業，像孟山都和杜邦這樣的公司，因而也習慣將巨大資源，投資於需要花費數年甚至數十年才會開花結果的計畫。再說，對這樣的公司而言，最吸引它們的研發投資，是承諾公司生產出可上市的商品時，便願意讓出報酬的那些資金來源。我們引用一位長期在孟山都工作的資深員工的話，這段話表達出許多大型公司考慮投資新研發時的邏輯。

我想出了一連串假設，〔我的同事〕與我……決定有效實行。首先，孟山都很習慣執行重要工作，譬如將新科技與科學引進市場。做那種新科技時，你必須接受的是……想指認一個極為困難的問題，不是那麼容易的，像是天哪，連兩個街上的酒鬼也可以解決的，而且，你究竟為公司帶來什麼呢？除非你找到那些相當難以解決的問題和需求，否則為什麼要浪費這些大筆經費與有才華的資源在這份工作上？

第二，它必須是重大的問題，因為……你懂的，我們根本不可能為了娛樂或運動，去找出那些解決方式！你最好挑出一個會劇烈影響農業的重大問題。

第三，它不僅僅是今天的問題而已；你必須下一場豪賭，讓這個問題可以是距今十五年後的第十個問題，因為你就是要花這麼久的時間解決它……你不會在第一年、第二年或第五年說：「我想到了！」然後像阿基米德一樣邊跑邊叫：「我發現了！」大體而言，它將耗費你至少十年或二十年的時間。我們從一九五二年開始研究年年春（Roundup），一九六九年成功製造，然後在開始研究的整整第二十三年（一九七五年）上市年年春。這是一項很重大的承諾，一個長期的承諾。

> 另一個決定做這樣研究的必然結果，〔就是〕我們找到的解決之道必定有效，而我們有能力將成果以合理價格提供給農夫……我們足以利用它製造持續利潤，農夫也能獲得收益。如果農夫和我們都無法獲利，那麼我們就什麼也完成不了。
>
> 最後，它必須是長期的解決之道，因為如果農夫只用我們的產品幾年而已，那麼……你知道的，〔這樣不好〕。我們必須在市場中屹立不搖。

當然，把大筆經費投注在可能不會產生任何收益的研究十到二十年，風險極大：如果投資決定並未成功，就可能為公司帶來巨大損失。這種隱約可見的現實，迫使公司盡可能地確保這些研發投資能帶來很多報酬。

這些大型跨國企業，決心將自己重組為生命科學公司時，以熟悉的大規模、聯合企業等新架構執行這項計畫：拋售不符合企業新形象與營運目標的公司，買進能加強策略計畫的公司。因此，買下具有科學專業與智慧財產權的生物科技新創公司，遂成為此項策略的中心考量；垂直整合種子公司，則為另一項考量。取得種子公司很重要，因為一旦少了這個科學家稱為「種原」（germplasm）——意即形塑生物體的組基因——的途徑，公司便無法將它們的基因帶離實驗室，到農夫手中，也就是帶到市場上。藉由投資生產與分配大量種子的公司，農業生物公司得以解決這項市場的途徑問題。許多跨國企業亦參與垂直整合：舉例而言，大型製藥公司企圖獲得農業與營養專業的新子公司，而農業化學公司則企圖獲取、或將自己和藥品公司結合。

觀察汽巴．嘉基公司的歷史，我們便能查看介入此過程的企業詭計，以及新興企業的規模。汽巴．嘉基是兩家總部位於瑞士巴賽爾（Basel）的百年化學公司於一九七一年時整合的產物。一九七四年，為補足其農業化學產業方面的不足，汽巴．嘉基被一家以美國為本、名為放克種子（Funk Seeds）的種子公司買下，將事業版圖拓展到種子產業。接著，隨著一個特殊生物科技研究部門成立，於一九八〇年代進軍生物科技產業。顧及醫藥生物科技領域缺乏一個強有力的存在，此公司於一九九四年與大有前景、以加州為本的醫藥生物科技公司——奇隆公司（Chiron）組成商業策略夥伴[8]。僅僅兩年之後，汽巴．嘉基決心與另一個產業鉅子——山度士合併，山度士主要強項在於製造基因藥品，儘管它對營養與農業商業也有興趣。山度士帶來的眾多資產中，有三家主要的種子公司。新取的公司名稱是諾華公司（Norvatis），汽巴．嘉基與山度士結合，被譽為「史上最大的企業整合之一」[9]。整合那年，諾華公司總價值八百億美元，於世界各地約一百個國家，擁有超過十一萬六千名員工[10]。

8 二〇〇六年四月，諾華公司在十一年的伙伴關係後，直接買下奇隆公司。

直至一九九〇年代中期，多數決定遵循生命科學模式的公司與諾華所採取的模式看來相當一致；它們投資農業生物科技、種子公司、農業化學、藥物與營養。更重要的，也許是它們針對重組結構下的努力，以及對一些其他產業結構產生的集體影響。在「正常營業」過程中，這些大型聯合企業集體獲取了市場上最重要的生物科技與種子公司。產業聯合過程正在進行（請見表一）。

讓生物科技成爲金雞母

如上所述，當孟山都、杜邦與汽巴．嘉基（之後成為諾華）等公司前進生物科技時，他們的執行長相當清楚如何能讓生物科技成為有利可圖的產業。其中之一，就是建立智慧財產權。這些執行長來自高度依賴智慧財產權保護的產業，像醫藥與農業化學產業，因此，針對新科學發現的智慧財產權，是商業策略的標準要件。實際上，為了基因與基因轉殖競爭專利權，成為產業的「首要原則」。

對智慧財產權的公認需求，並不僅限定於代表生物科技產業的「企業方」；同時也延伸到這些企業的科學雇員。產業科學家開始理解到，智慧財產權是產業必要的一環，公司若想在市場上成功，就必須要著重這一塊。科學家若想在自己的實驗室裡保有自由[11]，同樣也必須重視智慧財產權。一位科學家表示：「你從他們那邊得到最多的，是擁有運作的自由。你擁有持續利用自己發明的東西的自由……〔否則的話〕，其他人也會有相同發明，將它申請專利，然後控告你，讓你的一切停擺。」另一位產業科學家，解釋專利對農業生物科技公司的必要性：

你**必須要**擁有專利權……因為這是一項受到管轄的產業，它對研發側重投資。這在醫藥與高科技產業中亦是如此……如果你在受管制的產業中工作，而你擁有很長很長的研製期與大筆研發經費，就必須有所回報。你不會有足夠經費，而如果……沒有智慧財產權，而且每個人都一起分享的話，就會變成大家共享一塊大餅的一小片，而非一塊大餅的一大片。

的確，專利在產業中如此被正規化，沒有人真正停下腳步思考過。然而，就如我們

9 西元二〇〇〇年，諾華公司將公司的農業事業自醫藥產業分開。農業部門則重新命名為先正達（Syngenta）。

10 山度士一八八六年於巴賽爾成立時，原本是一家染料公司。

11 許多科學家首度在研究所階段，接觸到專利如何運作，至少如果他們是在一九八〇年拜杜法案（Bayh Dole Act）後才受訓的話是如此。美國歷史中，拜杜法案首次允許大學院校在其他團體中，專利發行聯邦經費研發的發明，因而確保公立贊助的大學研究收入。

表一、各家公司主要作物估計下的種子銷售量與美國市占率，一九九七年

公司	總銷量（以百萬元為單位）	總市占率（百分比）	玉米市占率（百分比）	黃豆市占率（百分比）	棉花市占率（百分比）
先鋒良種（Pioneer Hi-Bred）	$1,178	33.6	42	19	0
孟山都（Monsanto）	541	15.4	14	19	11
諾華（Novartis）	262	7.5	9	5	0
三角洲與松地（Delta & Pine Land）	79	2.3	0	0	73
美國陶氏／邁可針種子（Dow Agrosciences / Mycogen）	136	3.9	4	4	0
黃金豐收（Golden Harvest）	93	2.6	4	0	0
艾格福／嘉吉（AgrEvo / Cargill）	93	2.6	4	0	0
其它（Others）	1.121	32.0	23	53	16

註：這張表的總市占率僅包括玉米、黃豆與棉花。孟山都於一九九七年買下迪卡爾布基因公司（DEKALB），一九九八年時則買下了阿斯格羅種子公司（Asgrow）;孟山都和三角洲與松地公司計畫中的合併，於一九九九年十二月喊停。因四捨五入之故，各欄位總和，可能會跟表格裡的百分比不一樣。

資料來源：費南德茲．康內久（Fernandez-Cornejo）2004, 27（表十三）

將在第三章探討的，這些業界人士與產業科學家認為絕對必要且不可質疑之事——那些「你一定要擁有」的——對其他人而言，卻是值得質疑的假設。

第二個這些公司員工眼中的「常識」（也就是他們不斷希望影響公司科學家的事情），與公司應著重發展的產品種類相關。不意外的是，最有利潤的產品，是那些擁有最大市場潛力的產品。市場潛力普遍以銷售量定義（而農業生物科技產業，則以土地面積應用定義），但同時也牽涉到市場壽命，如同孟山都資深員工早期開發年年春的例子所示。市場焦點意味某些研究對這些大型公司執行長具有高度吸引力，而另一些卻被認為是在浪費時間，因為它們並未預期到足夠的需求。正好是這個基本的商業現實，解釋了公司為何積極尋求發展抗除草劑植物與作物，轉殖天然殺蟲劑蘇力菌，還有他們為何往往避免追求其它從社會眼光看來可能更具有價值，例如添加營養的喜瑞爾作物，與主要由地球南方農民栽種的抗旱作物。抗除草功能很吸引人，不僅因為它可以被植入如玉米、黃豆與棉花等作物中，而這些作物在美國占有幾億英畝農地面積，同時也因為它與專利除草劑共同作用，例如孟山都公司年年春，以及艾格福公司利柏體除草劑（Liberty）。因此，公司便有了以基因改造種子，**以及**與之相伴的除草劑賺錢的機會。

我們訪談一位在最頂尖農業生物科技公司之一工作的監管科學家時，大型公司採取的邏輯變得清楚不過。被問到他的公司如何決定追求什麼產品，以及這樣的邏輯在產業公司間是否差異很大，這位科學家如此回答：

我想我們都很像。讓我來告訴你一個幾乎是假設的故事。我們透過閱讀文學或其他什麼，了解到讓特定的生物體轉變為複合體，就能有效控制……小麥裡的黴菌毒素。這是一個大問題，對嗎？幾百萬幾百萬噸小麥每年被丟掉，因為它們充滿黴菌毒素。所以，這真的會是一件好事，如果我們可以改造小麥的基因，黴菌毒素就不會在作物裡累積。我是這裡的科學家，我走向管理部門，告訴他們：「我有可以控制小麥黴菌毒素的基因，一定有用。」

好。〔我的公司〕會做的第一件事，就是要我生出一項研究計畫。也就是說，多少年？多少人？它會花多少錢？然後他們會詢問商業人士：「告訴我，我第一年、第二年、第五年和第十年，可以賺多少錢？」該項研究計畫是否會邁開步向前走的決定，它是好是壞，〔都將〕決定於我這個科學家會花多少錢，以及那些MBA告訴公司會賺多少錢。如果比例不夠好，那麼該項計畫永遠不會實現。

簡言之，如果他身為一個產業科學家，卻無法為公司想出可以賺錢的點子，他的公司就不會對研究計畫感興趣[12]。另一方面，他解釋：「如果公司對你的計畫點頭，你就擁有完成研究所須的一切經費。」這除了反映公司科學家這種經濟邏輯之外，同時也揭露了涉及其中的獎勵制度。

商業「企業面」為公司帶來的第三套概念，與如何在市場中競爭有關。這些點子大部分來自這些在科學為主的公司工作，以及為以「壟斷」著稱的產業工作的個體。這些產業相對而言，較少公司會去製造並販售相同商品[13]。大體而言，這套概念可歸結為三項緊密相連的原則，其中之一我們已提過，就是智慧財產權的建立。建立智財權很重要，因為它讓公司得以開拓在市場上的「科技地位」，也就是擁有具高度需求的科技。第二項多數業界執行者擁抱的競爭原則[14]，是讓公司將商品早競爭對手一步上市。作為

12 多少錢才能讓一家大型生物科技公司覺得「夠了」？這位科學家在我們之後的對話中說：「讓我們用生產商品需要花費一千萬來舉例。事實上，這只是一筆小數目而已。因為我們追尋的，是利用這項商品，製造每年一至兩億的利潤。如果那位商人說：『你會賺三千五百萬或五千萬元』，那麼這筆投資就不值得。」

13 企業寡占通常發生在進入障礙或業界成本太高時，這也正是這些科學為本的產業的情形。進入農業與醫學生物科技產業的障礙之一，是相對而言較高的研發成本，如我們所討論的。另一項更令人望而生畏的成本，是產品從測試、規範階段，直到上市的過程。

14 我們說「多數」，因為並非所有公司都採取這種競爭策略；某些公司企圖在智慧財產權中找出漏洞（或只是簡單全然反抗它），在這種基準上競爭，並將財富成功生根於「仿冒者」策略。

第一的好處，就是為公司提供建立顧客對產品的熟悉與忠誠的有利開端。一旦顧客試用公司產品後覺得滿意，他們就不會再嘗試別的，因為「嘗試」是有風險的。作為「第一家上市」的公司，也為他們提供另一項重要優勢：它通常能讓公司股票價值升高，特別是如果產品在特定領域裡是第一的話。競爭的第三項原則，涉及競爭市場占有率。這些大型聯合企業最活躍的產業（例如製藥、化學、農業化學與能源）通通都是寡占企業。競爭在寡占中往往相當激烈，一家寡占企業與競爭對手同時存在戰場上，每家公司都想要主導市場，卻不期望徹底控制市場。「擁有市場」，因而被解讀成持有最大占比。

整體而言，所有企圖將自己轉變成生命科學公司的聯合企業，在一九八〇與九〇年代，為了差不多的理由，遵循擬好的廣泛途徑行動。他們以熟悉的企業重組工具，買下並賣掉部分產業，投資保證會幫公司攫取最大市場與最高股票價值的計畫案，尋求創造智慧財產的投資組合，建立強健的「科技地位」。然而，即使在這個熟悉的世界裡，重要的差異發生在這些公司對生物科技作出的承諾，與他們一旦進入業界便採取的策略。在所有向農業生物科技邁進的公司裡頭，孟山都做出最大的承諾，分配給這個前景最多資源，為了抵達目標，忠誠地「堅持到底」。直至一九八〇年代中期，此一發跡自聖路易斯市、歷史悠久的化學公司，已然成為產業領頭羊，並於未來二十五年內，維持地位[15]。作為產業領導者，孟山都以企業決定、成長策略及從事商業的方式，為產業多數定調。它同時也是行動份子（以及其餘世界）在與產業面對面時，最常見到的面孔。

企業文化與公司策略：以孟山都為例

在《公司文化危機》（*The Cultural Crisis of the Firm*）中，艾瑞卡．史恩伯格爭論企業文化與公司行為，特別是公司策略，是「相互建構」的（"mutually constitutive"），意味著企業文化同時反映公司過去的商業策略，協助生產他們發展出來的策略，引領公司走向未來。史恩伯格繼續闡述「企業由真人營運」及「我們需要了解企業策略」的觀點。特別是我們需要考量，是什麼形塑了對於世界的詮釋，以及行動的能力。」接下來的討論中，我們將探討一些形塑孟山都策略與成為**戰略家**的歷史經驗，也就是公司的關鍵決策者。這能幫助我們理解公司如何在認知與物質上，建構生物科技世界，以及生物科技世界如何輪流執行特定行為，激起反抗。

農用化學品的歷史

早在一九七五年，當時的孟山都執行長約翰．漢里便著手將公司定位為基因改造工程世界領袖。身為寶僑公司（Procter & Gamble）前任執行長與哈佛商學院工商管理學碩士，漢里受聘於孟山都公司，因為他見解獨到、果斷，是那種「有擔當」的男人。漢里也是第一位掌控這家七十五年歷史、紮根於美國中西部公司的局外人，他受命要讓看來高度個人化且別具風格的投資文化變得更加專業化。他同時也極度熱愛生物科技。

漢里決定將公司未來轉向生物科技的前後數年間，孟山都可說已成為美國農化公司的領導。一九五〇年代孟山都在農化業銷售排行約六十名，一九八〇年代時，這家公司已爬到最高位。公司崛起的大部分原因，與其相互強化的內部文化與商業策略有關。孟山都焦急地要在農化產業中提高公司排名，致力發展幾項新專利除草劑與殺蟲劑，包括票房保證的除草劑——年年春。隨著每項新產品開發，孟山都積極將它們上市，販售給農民，堅定不移地著重於獲取市占率的目標。為達此一目標，孟山都發展了一套與農民、農民合作者，以及其他在地農化產品供應商緊密合作的網絡關係，利用促銷、經濟誘因與廣告，讓顧客熟悉產品，對產品產生忠誠度。孟山都營銷網擴及美國農夫社群，特別是在中西部地區，那裡是公司農化產品的主要市場，也是孟山都總部所在地。若有一件事情是孟山都了解，並且了解得很透徹的，那麼一定是中西部農民。

孟山都與美國農民社群的緊密關係，是將產品送到顧客手中的工具，也是公司研究管道的資訊導管。孟山都的「市場導向」傾向比起農化產業中其他競爭者都要來得明顯，意即孟山都會辨識顧客遇到的問題，帶到實驗室中，嘗試解決。「它始終都是非常科學、市場導向的〔公司〕，」一位孟山都前公司員工表示。「公司裡的每一位，都被要求走出去，實地探查所有新產品，上從執行長，下至一定程度的經營者，都被要求親自看看新產品的實際應用，是怎麼一回事。」

孟山都野心勃勃的公司文化，補足了它強烈的市場取向，並以多種方式呈現自己。孟山都企業文化，正如一位前經營者形容：「狗咬狗。」「我必須發展出極寬闊的肩膀與強勁的表皮。」這位科學經營者如是說：「我很成功，因為我可以這麼做。但這高度政治化。總是在誰要受到提拔上耍手段。」我們與外在世界互動時，公司文化也是同等具有侵略性。孟山都迫使它的行銷員工在客戶群中達到高存貨週轉（product turnover）。「公司對結果相當堅持己見……逼迫顧客、將產品售出，」一位最近退休的員工透露。孟山都對於其他想和它做生意的公司，同樣採取了強有力的立場，企求在關係中取得並維持上風。以下引述的內容，同樣有著孟山都公司「一切都和我們有關」的態度：

15 至此，孟山都公司都維持農業生物科技產業領導者，在基因改造種子的銷售中排行市占率第一。杜邦公司第二，先正達則為第三。

> 內部來說，當孟山都發展了一項策略，他們就會開始談論「價值獲取」（value capturing），透過價值鏈攫取該項策略的價值，對內部分析而言是好事（「我們在消費水平上，可以獲取十元的多少比例？」）然後你在科學家研發時分析它一年、兩年，或三年。然後……銷售員來了，我們以輝瑞公司（Pfizer）為例，告訴他們：「我們的種子裡有超讚的健康功效，而且……我們的價值策略如下所述……」
>
> 然後輝瑞就說：「你的意思是什麼？那是**我們的**產品，**我們的**市場。我們才是藥廠耶。孟山都，你憑什麼跟我們談價值？你是打算要來做我們的工作嗎？」所以，與其簡單地用**價值分享**這個字眼……內部行話是**價值獲取**……當你在外頭協商時，對你談話的對象而言，突然間它會變得尖酸刻薄而且極為粗糙。

他說，因為公司態度的緣故，許多商業夥伴認為孟山都相當傲慢。

公司在農化部門的成功，同樣來自它與政府監管機構與農業部門官員間發展出來的緊密關係。從早期開始，為確保商品得以及時上市，孟山都便認知到與政府制法者及監管者打好關係的重要。獲得政府監管許可，在孟山都的執行者心目中，為公司提供了另一項無價的利益：這項許可會告訴大眾，這些產品很安全，由美國政府認證。

正如它對監管事務的心力投注所示，孟山都是一家相當擅於規畫的公司。孟山都於一九七〇年代研製出名為拉索（Lasso）、廣受歡迎的除草劑。該計畫在專利之外的頭幾年，公司早已開始尋找足以除去範圍更廣的雜草的新除草劑。公司科學家後來研發出的產品是年年春，相當暢銷。同樣的，年年春準備好遭遇相同命運的前幾年，孟山都執行長也在會議裡提及年年春不再受到美國專利法案保護時的對策。一位前任員工語帶激賞形容孟山都的計畫文化：「這是一家大公司。他們會計畫；我們會撤退，然後他們會給我們看……市場計畫怎麼做。他們早在十年前，就先為年年春專利的消失預作準備。這真是太棒了！」她如此稱讚。

孟山都在農化業的成功以及它的產業領導地位，對公司經營者與員工在商業世界看待自己的方式，具有相當大的影響力。在孟山都工作的人，為自己能在這麼成功的公司工作深感驕傲，並為自己對這項成功做出的貢獻，感到自豪。孟山都員工普遍自認為是能幹、有知識且成功的商業人士。他們知道，也**深深相信自己了解**產業的每個面向。當然，從一個局外者的角度看來，這樣絕對的自信，很容易被解讀成是自大。

孟山都前進生物科技

當孟山都開始投資新生物科學時，它便輸入許多點子、信仰與行為到生物科技商業領域裡。孟山都企業文化造成影響的領域之一，就是公司著手建立商業的新方式。不像其他緩慢謹慎投資生物科技產業的大型聯合企業，孟山都從一開始便努力成為產業領袖，並於爾後的三十年間，專注在這項目標。一位為孟山都的對手工作的科學家觀察：

〔孟山都的執行長〕基本上早在數年前便著手採取行動，將精力全部投注在生物科技的成功。杜邦、陶氏化學公司、先正達……所有這些公司都採取較為謹慎的措施……先正達、陶氏和其他公司說：「好吧，我們想讓生物科技成為公司一部分，但我們仍然希望能依賴公司傳統賺取大部分的錢。」孟山都則說：「我們要用生物科技賺大部分的錢。」然後他們成功了！

的確，其他公司往往在新的執行長執掌時，戲劇化更換他們的商業計畫，這樣的情形，卻沒有發生在一九七五年後的孟山都。連續三位主要執行長——約翰・漢里（於一九八四年退休），理查・瑪赫尼（一九八四至一九九五）與羅伯特・夏皮洛（一九九六至二〇〇〇年）——全都遵循相同道路，將公司資源逐步導向生物科技，並將孟山都從先前的化學產業移出。夏皮洛最相信生命科學的觀點，把公司的未來全數賭在生物科技，相信它會為公司帶來大筆財富，創造更永續的世界。

一旦公司對生物科技作出主要的高度承諾，孟山都的科學家、商業策略家、法規人員與產品經營者，全都加足馬力向前衝。這些員工受金錢與同伴鼓舞，帶有競爭精神，以及受從不成熟的科學中發展出商品的壓力所驅策，為工作注入了巨大能量與關懷。隨著幾億元的生物科學投資，與早期一九九〇年代前的少數成果，公司對科學家說得很明白，他們需要實現這項計畫——快速實現。當時的執行長瑪赫尼表示：「我們不是一個追求知識的產業；我們追求的是產品[16]。」

這段話反映了他們的興奮感，以及來自公司經營者持續成長的壓力。孟山都生物科學家努力不懈，為了研發出可以賣給農場社群的產品。「有三家公司在農業生物科技上花費相當經費，就是杜邦、諾華及孟山都。」一家孟山都生意夥伴，大型南方種子公司三角洲與松地（Delta and Pine Land）公司主席羅傑・馬爾金（Roger Malkin）這麼說。

孟山都是唯一一家做出所有東西的公司……差別完全在於態度。諾華公司根本沒有危機感。星期天經過他們的停車場，那裡一輛車也沒有。杜邦的科學家全在下午五點準

16 另一則關於瑪赫尼對公司緩慢研發過程感到不耐的情形，發生在一九八〇年代。他將公司科學家聚集在一起開會，告訴他們：「你們知道的，我剛從德國回來，我在那裡得到了一則與科技研究有關的隱喻靈感。那時我們正在高速公路上，以一百五十英里的時速前往法蘭克福。每二十英里就有一個出口匝道標示『出口』。這讓我想起我們的研發。我們現在和所有這些昂貴器具一塊前進，但我們不時也需要新的產品！我們需要一個出口！」

時下班回家。孟山都的停車場，即使是在半夜一點和週末也都會有車子。

孟山都認為以下三種角色，是決定孟山都成為產業領袖的關鍵。首先是農民，或更準確的說，美國的農民。將焦點放在美國農民，似乎是公司最顯而易見的策略，因為他們是孟山都希望銷售的基因改造種子對象。他們同時也是孟山都農業部門最熟悉的合作顧客群。如上所述，在推銷農化產品的過程中，特別是年年春，孟山都已建立起一條綿長的市場基礎建設。如一位公司農業執行長所說，美國食品消費者對食品製造商而言，簡單來說就是太遙遠，遠到公司無法去為他們操心。事實上，美國消費者簡直不可能得知或關心用來製造食物的種子是哪一種。更甚者，孟山都假設一旦農民被說服基因改造種子比其他種子都要好，公司便已完成大部分的工作了，至少在市場行銷這塊而言是如此。然而，我們將在下一章看到，這個假設是錯誤的。

第二是政府監管者。政府的監管機構是市場最終守門員，孟山都因而將之視為是建立公司「自由營運」的關鍵，或者是取得它將產品介紹，並在全世界上市的權利關鍵。少了政府許可，孟山都無法合法將產品上市，不論多好或多有效。因此，孟山都將許多資源分配給監管事務部門。的確，早在任何產品從實驗室出爐前的一段長時間裡，公司官員便已和美國政府緊密合作，發展出一套「可以接受的」生物科技監管系統。

藉由這種方式，孟山都與產業其他競爭者不同流。孟山都並不反對規定，把規定視為公司成功營運之必要。規定將在未來責任起訴中保護公司，並將顧客信心注入產品中。孟山都因而將許多精力投注在為產品達成合宜的監管環境，本土或國外皆然[17]。公司對於監管議題如此慎重看待，以致它比其他農業生物科技公司都花更多心力在這個領域[18]。一位公司的公眾關係專家表示，孟山都被認為在產業中擁有最好的政府事務部門之一，光就「應付制法者、推動法案通過，還有你知道，就是用非常有效率的方式對付那些人。」這些方面而言。孟山都的競爭者都相當贊同。一位在另一家大型生物科技公司工作的主管這麼說：「孟山都問：『我們需要做什麼來贏別人？我們需要人家無法企及的科學。需要很快速完成監管科學。為了將商品上市，還需要獲得全世界的認可。』然後他們聘僱所有需要的人，還有其他一些相關人士，完成全世界的工作。從來沒有人那樣做過。」他激賞地發表他的觀察。

最後一群被孟山都視為關鍵的人，包含主要股東和華爾街，沒有他們認可，公司就

17 這是公司支持美國聯邦法規，積極使各州建立州立法規的努力失敗的原因之一。州立法規需要更多資源經營，在政治上更是難以控制。

18 一位孟山都對手的執行長，形容孟山都擁有比他所屬公司多上五倍的監管人員；儘管他可能誇大，但他要強調的重點很清楚。

無法成功。事實上，公司所有員工，從執行長乃至下層，都讓自己對華爾街的評價相當警覺。華爾街金融分析師審慎檢視公司的每項舉動，批判評估。孟山都主管因而把焦點注意力放在建立專利，讓產品首先上市，確保公司得以在產業中以科學領袖之姿出現。孟山都經營者假設，若公司能試圖達到這些目標，那麼其餘的將會各就其位。

夏皮洛時代

羅伯特．夏皮洛於一九九六年執掌孟山都主要執行長一位時，帶領公司達到全新境界。夏皮洛是位具有說服力、能啟發人、激勵人心的領導者。孟山都員工形容他是「前瞻者」，以他廣大的目標與對科技的寬闊觀點，擁抱公司。「（羅伯特）很有洞見、個性明亮又細膩，所以當他說：『我們開始』的時候，大家都會跟著說：『我們要開始了。』」一位後來轉任杜邦公司的孟山都資深科學家這麼說。

他有一整個企業在背後動員。如果你走在孟山都公司走廊上，人們帶有明確目標感，感覺自己像個老闆，你懂的，不是他們在一個組織領薪水工作，而是他們在那裡發揮影響力。我的意思是，你不會在杜邦這樣的公司，見到那種帶有感染力的熱情。

夏皮洛深深相信生物科技是達成永續發展的基礎，將生命科學視為將世界從消費越來越多「東西」抽離，轉往消費、使用知識的工具。這些觀點的力量，並沒有在公司員工身上消失。一位員工形容：「孟山都裡有個詞，*Bobalooey*，因為公司氣氛實在太自由了。」她如此回憶道。

他〔夏皮洛〕說：「我不想獎賞員工。我要他們自己獎賞自己。我要人們自己鞭策自己，超乎目標之外的⋯⋯。」他開始滔滔講述科技如何可能為自己和後代子孫創造更美好的世界。於是我們如此堅信孟山都產品的利益，以至於每個人幾乎都成了想推出產品的狂熱份子。我們在這裡談論的是「食物、健康與希望」，以及所有益處，人們覺得我們簡直瘋了。但我們如此受到激勵、如此有目的，幾乎是精神層面的，對於孟山都以及我們的產品，還有我們即將造成的影響⋯⋯。如果你今天走進這家公司，與裡頭的人對話，你會發現我們非常、非常受到鼓舞，因為我們相信，這些產品將使得世界變得更好。

夏皮洛對公司核心商業的影響力也是同等戲劇化。他將公司最後的化學品賣出，積極維繫與種子公司之間的穩固關係，確保公司在這項領域與實驗室中，得以建立市場主導。一九九六至九八年間，夏皮洛花費八十億元，取得一半的種子公司，其中包括一家領先全球的黃豆研究與種子公司——艾思果農業經濟公司（Asgrow Agronomics）；供應超過美國三分之一玉米市場的霍爾頓基金會種子公司（Holden's Foundation Seeds）；巴西的主要玉米種子公司賽門提斯艾果喜爾（Sementes Agroceres）；嘉吉公司（Cargill）的國際與種子營運；國際植物育種（Plant Breeding International）；還有迪卡爾布基因公司（DEKALB Genetics）。

他對公司股東解釋政策：

〔我們〕知道單單只有基因發現，不足以建立成功的商機。農民不會購買單獨基因。他們買下有他們想要的特質的種子，同時想要傳統育種的種子特質，以及來自生物科技的新東西。要成功，我們需要確保農夫能在我們的種子中，買到他們想要的特質——依作物、地區與國家而有所不同。

我們同時也相信，速度非常關鍵：必須要比競爭者早一步上市，在每種關鍵作物與市場中、正確的種原中，取得對的特質。這就意味著，除了領先的基因發現程序，我們需要無間隙與許多種子公司合作，獲取我們需要用以在市場競爭的作物與市場範圍。我們探索一些可能途徑……達成結論，就是將我們一系列的種子與基因發現能力組合成一家單獨公司，能夠賦予我們速度與成本上的競爭優勢。

這就是為什麼我們要買下世界各地的種子公司。在短短的時間內，我們將種原、全球市場現狀，以及有才華和能量的人聚在一起，協助我們將基因帶入市場。

藉由買下世界各地的種子公司，將基因上市的全面策略兜在一起，夏皮洛讓孟山都顯得似乎要主導全世界的農業，透過掌握最關鍵的投入：種子。那樣的詮釋並非毫無依據，了解夏皮洛與孟山都的人表示：「夏皮洛與孟山都公司的領導階層，被這個大型而統一的生命科學公司視野驅策，可能結束一切，也可能成為一切，成為你知道的，基本上就是生物科學界的微軟公司。」為夏皮洛撰寫演講稿的人事後回憶時如此表示。全美歷史最悠久、最為人尊崇且最有影響力的種子公司——先鋒良種前執行長，湯姆爾本（Tom Urban）同意這種說法：「夏皮洛有一種救世主的感覺……。如果他說一次，他就會再說三次或四次：我們團結在一起，就可以統治全世界。我們將擁有這項產業。幾乎都是這些話。我們會成為世界的主宰。無法撼動。」儘管這樣的策略很可能對那些在產業中工作的人而言很具意義，但對其他人來說，既不具備基本常識又相當難以接受。他們之中就有針對科技與公司的批評。

生物科技產業的公眾臉譜

如我們企圖在本章中所示，主導農業生物科技產業的大型跨國公司科學家與商業人士，互相影響著彼此的思考與行為。在企業背景下工作的科學家，學習接受商業考量，理解如何從產業經營的文化與歷史中，學習為新科學賺錢，定義他們的工作計畫，還有運用知識的技巧方式。這些科學家因而享有優渥的薪資與科學資源，高度自由，以及和世界一流同事工作的機會。管理產業的人大大為科學家對基因工程的熱情，以及對生物科技優於現存所有科技的觀點所影響。許多企業執行者，對分子生物經濟的潛力感到相當興奮，至少這項新科技出現在化學產業前景不看好的時機點。科學家與企業經營者，對生物科技持有的正面態度相互影響彼此，幫助激發促使產業科學家找到新發現，以及可上市商品的高度能量。同時間，科學與企業主宰，存在於相對而言絕緣的社會文化世界裡。這個生活世界之外，很難再有針對基因的經濟利益，更具批判的詮釋了。

再者，生物科技產業核心公司以「正常的」方式行動，為了在科學中創新，並且為了將自己建立成有活力的生物科技公司，生物科技產業極端受到強化。在農業領域引領產業的是前農化巨擘孟山都公司，為產業定調。藉由特定決策，以及其企業文化的反應方式，孟山都執行長與員工為產業創造出公眾臉譜以及競爭規則，讓其他公司納入考處，即使他們沒有全然遵守。這家公司的公眾臉譜傲慢而野心勃勃，目標是盡其所能將這些科技，推動到政府制訂政策者與市場上。孟山都協助建立的遊戲規則，包含把利益直接建立在種子，透過專利基因操控，藉由購買重要種子公司，侵略市場占有率。透過這些行動，以及對農業投入逐漸成長的所有權，公司創造出企圖掌控全球農業的形象。在這之中最為關鍵的，是世界食物供應的多數來源：種子。

從兩套非常不同的觀察者角度看來，孟山都的行為相當有問題。在它的產業競爭者中，孟山都被視為試圖在基因改造作物市場上取得主導權，絕對不是個具有合作精神的夥伴。一些產業官員，相信單單只有孟山都自己，就想決定科技將如何被引介和規範，他們一點也不在乎別的公司對這項敏感議題是怎麼想的。許多人也覺得，如此強勢逼迫科技上市，特別是在西歐地區，公司已經把事情搞砸了。它使產業背負惡劣名聲，在歐洲使消費者反感，對整體產業都有負面影響。下一章的主角，將是一小群、但逐漸茁壯中的行動份子，他們對孟山都的行為更是憤怒不已。從他們的觀點看來，由這家積極美國公司領導的農業生物科技產業，因為試圖主導世界的農業而有罪，包括剝奪農民取得種子的途徑。而這只是孟山都冒犯人的行為之一而已。

第三章

醞釀全球運動

一九八七年三月七日，來自二十二國三十一人，因一場名為「新生物科技對第三世界基礎健康與農業的社會經濟影響」工作坊（The Socioeconomic Impact of New Biotechnologies on Basic Health and Agriculture in the Third World），聚集在法國的小村莊博熱沃（Bogève）。此工作坊由瑞典普薩拉（Uppsala）道格．哈馬紹基金會（The Dag Hammarskjold Foundation）贊助，並由國際農村發展基金會（Rural Advancement Fund International, RAFI）主辦。與會人員都是國際非營利組織成員：馬來西亞檳城國際消費者協會（the International Organization of Consumers Unions）；發展行動國際聯盟（the International Coalition for Development Action）西班牙巴塞隆納種子運動；國際醫衛行動（Health Action International，一個旨在促進「全民健康」，反對藥品濫用的組織網絡）；國際嬰兒食品行動網（the International Baby Food Action Network，發起針對雀巢食品公司「對嬰兒配方食品說不」行動的聯盟組織；殺蟲劑行動聯盟（the Pesticide Action Network，一系列呼籲停止對農作物使用危險化學藥品的地區組織）；以及種子行動聯盟（the Seeds Action Network，一群在世界各地致力保護作物多樣性的網絡）。非營利組織代表、一些學者，以及其他來自印度、祕魯、巴西、菲律賓、衣索比亞和美國的代表，也都親臨會場。四天會議中，這些代表解釋、討論並辯論「新基因」（new genetics），以及基因流失（genetic erosion）相關議題，還有專利法新潮流。大部分對話焦點著重於生物科技的影響，及在第三世界，或是南方世界所發生的現象。

工作坊最後，與會者集體發表了一段強力的公眾聲明，概述他們在生物科技界的立場。標題是「博熱沃聲明：邁向人民導向的生物科技」（The Bogève Declaration: Towards a People-Oriented Biotechnology），大部分聲明內容，都強調了生物科技的潛在危害：「生物科技是全球議題……。和其他任何科技一樣，它與製造並使用這項科技的社會緊緊相連，也和這個社會一樣，有所謂的正義與不正義之分。因此，我們可以下一道結論，就是這項最強而有力的新科技，將更可能為有錢、有權的人服務，而非沒錢沒勢的人。」生物科技提升人類生活品質，聲明中卻提到，當今的全球情況，將使這種結果變得遙不可及。更可能發生的，是生物科技所導致的嚴重健康、社會經濟與環境影響，其中有些影響無法挽回。農業與基因工程尤其如此，「……有可能加重農業人口不均、基因流失等問題，導致農業一致性、破壞農業維生系統、增加土地脆弱與對農夫的依賴，強調跨國農業的力量。」而健康領域中，可以想見的，是醫藥公司著重投資最有利潤的項目，而非照顧基本的健康需求。

這些對生物科技如此負面的評估，和基因工程許多科學家與產業參與者希冀的前景，簡直大相逕庭。這兩個群體，如何對這項於一九八七年，好不容易才從實驗室推到社會上的科技，帶有如此不同的詮釋？博熱沃工作坊參與者，即使來自截然不同的背景，為了相當不同的議題而努力，卻為什麼不約而同對這項新科技感到如此悲觀？他們如何達成這樣極端的觀點？

本章中，我們著重討論形成核心反生物科技運動的行動份子，以及他們的觀點，試圖了解這些人是誰，他們如何對基因工程發展出批判觀點，以及究竟是什麼因素，驅使他們努力策畫這些議題。透過深度訪談與歷史檔案工作查閱，我們了解反生物科技運動有其特定歷史，由一小群來自地球北方與南方，因越戰經驗、一九六〇與七〇年代不同的社會運動，所形塑的批判觀點和思考方式等原因而動員。這些人來自發展社群、環境運動與科學社群等領域，共同參與這項議題。他們橫跨各大洲，透過電話與新近的網路技術合作，發展出對基因工程的集體詮釋——事實上是不滿——與生物科技業界的詮釋恰恰相反。然而，正如生物科技界的觀點所示，這些評論者對科技持有的觀點，深深根植於他們個人經驗，也就是他們的世界觀與價值，和在特定社會網絡中的位置——換言之，這些觀點都基於他們的生活世界。他們帶著自己的世界觀與道德感，檢視生物科技相關議題時，便已達成了與業界人士截然不同的結論。

當所有社會運動都針對現狀作出評論時，並非每一個社會裡的批判分析，後來都會成為運動的基礎。絕大部分行動份子將他們的不滿，成功轉化為有效而持續的政治參與。因此，我們將在本章中探討的最後一項議題：這一小群批判者，如何將議題發展成全球社會運動，足以影響生物科技產業整體命運，阻撓一些最優秀的產業計畫[1]？

批判社群與「思考工作」

分析行動份子如何發展出針對生物科技的反主流文化分析過程時，我們參考了政治科學家湯瑪斯．羅肯（Thomas Rochon）的意見。他所撰寫的《文化行動：概念、行動主義與改變中的價值》（*Culture Moves: Ideas, Activism, and Changing Values*）一書中，羅肯探討社會運動如何發展出異於主流思考的觀點。羅肯認為，一小群知識份子，由共同意識形態組成一個「批判社群」，是創造新理論與思考方式的要角。這些「經驗、閱讀與彼此間的互動，協助他們發展出一套與大環境步調不一致的文化價值。」批判社群為特定議題提供新的價值觀，並且為了理解這些議題，發展出新論述。與其在現存的詮釋框架中，以新思維簡單思考，他們基本上致力於「改變人類賦予現實意義的觀念」。因此，批判社群在社會中形成了一股「反主流文化潮」。

1 社會運動有許多組合形式，有動員數千人的大型運動，也有本質上透過網路聯繫，由許多鬆散團體結合而成，並為了同一議題發起運動的群體。反生物科技運動則是後者。

羅肯的批判社群，我們可以稱之為「運動知識階層」（movement intelligentsia）。羅肯對於此類社群如何形成，以及針對社群行動的觀察，可以解釋許多社會運動早期的委屈形成（grievance formation）[2]：

> 新觀念的形成，最初發生在一群相對而言較小，並已對問題和問題來源，發展出敏感度，批判思考問題應如何解決的社群中。這群批判思考者，並非專屬一個正式組成的組織。他們是自我警覺、彼此互動頻繁的團體的一部分。

羅肯注意到，一個批判社群的成員，往往會針對一項問題採取不同「行動」，也對應該多重視一項問題的不同原因，意見相異。這點強化了非主流觀點的多元性。他同時也讓大眾開始注意，一個批判社群的觀點，本質上充滿了挑戰。舉例而言，解釋批判社群與「知識社群」的區別時——所謂的知識社群，是一個由政治科學家所發展出來的觀念，指一群擁有共同世界觀的專家——羅肯如此寫道：「批判社群是**批判的**。他們發展出觀看一項議題的方式具有挑戰性，而他們的觀點對政策建立具有相當的批判，而非協助政策完善。」也就是這一點，讓他們成為造成文化改變的核心代言人。

羅肯批判社群的觀點基礎上，我們繼續分析反生物科技運動參與者的**思考工作**

（Thinking Work），探討這些個體如何獲得觀點，以及如何透過互動與聚集，將這些觀點強化為帶有批判的社會分析。我們描述這群人如何針對農業生物科技，以我們稱之為「社會行動思考」的過程，製造集體委屈。我們同時也呈現觀點形成的過程，與運動組織核心擴展的社會網絡之間，存在的反身關係（reflexive relationship）。當這些個體一同工作並發展、傳遞觀點時，他們同時也吸引了較年輕的同儕與跟隨者參與。

羅肯的分析，對了解反對意見如何在社會中發展相當有用。然而，他的批判社群觀點，卻缺乏規範承諾（normative commitment）的力量，領導人們發展另類的文化觀點。因此，引述羅肯論點的另一種方式，是呈現批判社群也是**規範社群**，他們同樣也有強烈的道德與倫理考量。此一觀點形成的道德層面，因為兩項因素，催生了反生物科技運動。首先，許多行動份子對基因工程深感憤怒，這種憤怒感將行動份子綁在一起，即便這股憤怒來源可能包括企業貪婪、科技詐騙，與人類「為自然扮演上帝」。這股憤怒在不同的參與者之間，製造了凝聚力。其二，他們的道德考量鞏固了對於議題的深遠承諾，行動份子之間有一股強烈感受，那就是每個人對於這項新科技，都得**做些什麼**，不

2 這邊提到的委屈形成，指的是指認社會上一些社會問題，以及需要改變的過程；一個明顯的案例是種族歧視。委屈形成乃社會運動基礎，因為這些委屈為運動提供了動力。

論真正的改變有多少，或是需要多久時間來完成。如此深遠的承諾，解釋了行動份子為何緊抓生物科技議題不放，至少二十五個年頭。

抗拒的源頭

正如社會學家榮恩．艾爾曼（Ron Eyerman）與安德魯．加米森（Andrew Jamison）所說，社會運動意識的內容，或說它的「認知實踐」（cognitive praxis），總是深深根植於特定的歷史與政治情境中。如我們在第一章討論的，反生物科技運動興起的時代背景是一九六〇年代，而社會運動在那政治紛擾的十年前後紛紛興起。這些運動嚴厲反對許多社會上的政治、經濟與科技科學發展，誕生出一種新氣象，讓人重新思索南北不平等關係、資本主義的社會經濟體系，「軍事——產業複合體」，以及環境議題。英國「對抗貧窮」（War on Want）與牛津飢荒救治委員會（OXFAM）、舊金山食品與發展政策協會（the Institute for Food and Development Policy），以及馬來西亞檳城國際消費者協會等組織，都發展出針對北方國家政策，以及北方國家對南方國家影響的有力批判。環境運動提出與工業製造和大量消費有關的生態危機。反越戰運動、歐洲和平與反核運動，不僅為美國軍事主義外交政策帶來巨大挑戰，同時亦密切關注戰爭的科技層面。這些歷史條件與個體的主觀世界互動，生產出一群人，早在一九七〇年代新科技在市場上出現之前，便開始批判新的基因科技技術。換言之，早在科學家發明如何剪接基因，將基因從一個生物體轉移到另一個生物體之前，就已經有一群人，準備好以懷疑、質疑和擔憂的眼光，看待這項新科技。

基因工程與相關領域早期發展，為這些人的擔憂提供了基礎，協助一群初期階段批評者發展論點。其中之一，是柯恩與博耶基因剪接技術突破之後，生物科技的快速商業化。一九七九至八三年間，超過兩百五十家小型生物科技公司在美國成立，如我們於第二章中探討的，許多跨國企業於此同時，開始側重針對新科技的投資。另一個現象則是改變中的法律與規範架構，開始監督這些介入者的權力。一項特別重大的改變，是沸沸揚揚的〈鑽石對查卡爾巴提〉（*Diamond V. Chakrabarty*）一案。美國最高法院，於一九八〇年決議，基因改造微生物具有合法專利權。觀察者很快就發現，這項決議，意味著只要一項發明達到專利許可標準規範：創新、實用、少見，生命便可以被專利壟斷。這股潮流引來兩種人的關注：一類是將科技視為和社會密切相關的公民與行動份子，另一類則是懷疑私人企業和國家，會利用新科技做出什麼事，因而感到不安的人。業界將查卡爾巴提案的決議，讚譽為關鍵的一步。批判者則將這項法案發展，視作是「平民老百姓的圈地」（enclosure of the commons），以及資本主義商品化，邁向新突破的延伸發展[3]。

想當然耳，光只有這個歷史事件，無法全然說明挑戰現況的人為何出現；「個人自傳」，或說人的一生經歷，以及他們如何詮釋這些經歷，也同等重要。詹姆斯·傑斯伯（James Jasper）研究某些人如何、為何被激發而採取行動，並將這些行動與個人經驗結合。傑斯伯表示：

> 我們的認知信仰、情緒反應，以及對世界的道德判斷——文化的三項次要元素——都密不可分。它們一起動員、合理化，指導政治行動。信仰和感覺有許多來源：工程師與經濟學者的專業訓練；園藝或中古歷史等嗜好；講故事給孩子聽，或是照顧年邁的雙親；童年時期受到的滋養，或挫敗的人際互動。每個人都有自己獨特的成長過程，和不同的環境文化元素，在個體的主觀世界具現。一個人過去與現在的活動，使得一些感受特別明顯、一些信仰似是而非，一些道德原則比起其他人的，來得更為重要。

對社會產生批判觀點——以及最終，批判基因改造工程——對不同人而言，以不同形式發生。舉例來說，一些人很自然地暴露在批判觀點中，因為他/她生長的家庭，會討論工會奮鬥史、受迫害史與法西斯主義對工人的蹂躪，這些話題是晚餐桌上的家常便飯。一位著名的反生物科技行動份子，回憶自己在紐約市成長的經驗，他/她的母親把所有時間花在劇團表演，演出集中營的生活，還有美國窮困移民的故事。另一位行動份子則告訴我們，他的父親，常常在他小時候唸先知者的故事給他聽。這位行動份子長大後，便成為「國王做錯了一件事，你應該要站出來，告訴國王：『你做錯了，最好快停手。』」的那種人。

人們的真實經歷，同時也影響了政治敏感度。一位受訪者形容她在西班牙語為主的墨西哥邊城度過童年，那裡階級與種族之分非常明顯。高中一年出國在哥倫比亞生活的經驗，使她開始改變思考。其他人則在參與學生運動、反獨裁運動與社會正義等運動時，深受影響。尼可諾・佩拉斯（Nicanor Perlas），一位一九八〇年代活躍於反生物科技運動的菲律賓行動份子表示：「我發現自己受到庇護且享有特權的生活，在過去與現在都非常貧窮且受到壓迫的菲律賓人民中，全然空洞而毫無意義的時候，我原先的世界觀徹底改變。」佩拉斯十八歲之後，便全心投入社會議題運動，包括了反對農業生物科技的奮鬥[4]。

3 這邊提到的資本主義商品化，指的是商品、服務、勞動力等，不曾在市場中交換的東西。這些東西在資本主義商品化的過程中，有了市場價值，開始被買賣與販售。菲律賓後，他不時針對農業生物科技議題發起運動。

早期的行動主義與顧慮

最早針對基因改造工程運動的行動主義，持有兩項非常不同的關注焦點，並且來自兩種相當不同的群體。第一項來自這項新科技對人類與其他生物造成潛在威脅的擔憂，以及以如此強有力新工具介入大自然，所發展出的社會與道德議題。帶有批判的科學家，環境學家，以及科技懷疑論者，首先道出了這些顧慮。第二項關注，牽涉了我們熟知的「種子議題」，或是在「基因豐富」的南方世界裡，基因多樣性減少的問題，以及企業對種子與日俱增的掌控。組織這項議題的人，來自發展批判群體，儘管這兩種份子以迥異途徑關注生物科技議題，他們共有的擔憂使其在一些不同的議題上，共同發起運動。

科技的批判者

也許不讓人驚訝的是，第一波開始批判、質疑基因工程的人，正是那些與這項新科技最有關係的人，也就是生物科學界的科學家。事實上，重組基因發現不久之後，一位名為羅伯特．波拉克（Robert Pollack）的冷泉港實驗室（Cold Spring Harbor）病毒學家，提出新基因剪接技術所帶來的嶄新病原體威脅。另外幾位著名科學家[5]，亦於一九七四年於《科學》期刊上，發表了一封公開信，警告大眾這項科技的潛在危害。一年後，幾位科學家在加州太平洋叢林鎮（Pacific Grove）阿西洛馬會議中心（Asilomar Conference Center），召開了一項重要的科學會議，針對新科技安全，討論人們的擔憂，為重組基因研究，勾勒出一套指導原則大綱。

儘管多數參與「重組基因爭論」的科學家，很快便將他們原本對於基因剪接技術的顧慮拋諸腦後，少數幾位仍對這項科技的安全，以及它對社會的潛在影響，抱有根深柢固的疑慮。他們之中包括同在哈佛大學擔任生物教授的喬治．沃爾德（Dr. George Wald）、露絲．哈柏德（Dr. Ruth Hubbard）、哥倫比亞大學生物化學榮譽教授爾文．查格夫（Dr. Erwin Chargaff）、麻省理工學院生物教授強納森．金（Dr. Jonathan King）、康乃爾大學醫學院生化教授暨美國斯隆——凱特琳癌症研究中心（the Sloan-Kettering institute for Cancer Research Center）成員里耶碧．卡瓦里爾里（Dr. Liebe Cavalieri）、紐約

4 一九八〇年代早期，佩拉斯與傑洛米．瑞弗金（Jeremy Rifkin）一起出書，書名為《基因術》（*Algeny*）。回到菲律賓後，他不時針對農業生物科技議題發起運動。

5 包括諾貝爾獎得主詹姆斯．華生、三位未來得主：保羅．伯格（Paul Berg）、大衛．巴地摩（David Baltimore）、丹尼爾．納桑（Daniel Nathans），以及擁有重組ＤＮＡ第一項專利的病毒遺傳學者史丹利．柯恩（Stanley Cohen）。

州立大學阿爾巴尼分校生物系助理教授史都華．紐曼（Dr. Stuart Newman）等人。他們之中的一些人，也參與了「人民科學」團隊（Science for the People, SftP），始於一九六〇年代晚期，由關心科學家在社會的道德與社會責任的科學家，以及其他學者所共同創立的團體。許多「人民科學」成員積極抨擊越戰，強力反對他們所服務的大學機構，認為這些大學是參與越戰的共謀。他們同時也對資本主義在科學與社會中扮演的角色，帶有批判觀點。

這些科學家眼見自己的學校一窩蜂建立重組基因實驗室，同事們紛紛投入以基因改造研究為基礎的新商業投資，他們不禁質疑起這些發展的動力。他們也質問，人類對於這些新科技的風險與危害是否真的足夠了解，讓他們能夠如此沒有後顧之憂地向前衝。正如生物學家里耶碧．卡瓦里爾里於一九七六年在《紐約時報》刊載的一篇文章所述：

當今科技大多數的問題都顯而易見，逐步建立，因此在達到關鍵階段之前，可以適時阻止。基因轉殖病毒就不是那麼一回事了，一項單一、未受辨識的意外，便足以使得無法根除且危險的物質，污染整座地球。直到它造成致命影響之前，我們都不會發現它的存在。

團體中另一位成員，史都華．紐曼教授，以下列這段話表露他的擔憂：

一九七〇年代晚期，重組基因研究開始發酵……儘管以物理科學起家，我也在生物學領域做了一些博士後研究……從我對生物學的「系統觀點」看來，在生物體中做基因修正並非小事一樁；它具有擾亂系統屬性的潛力，即便只是看似微小的基因修正。我對這項科技的影響力很擔心……對它將基因改造微分子釋放到環境裡的可能很擔心。我〔同時〕也很擔心，生產新種微生物，會對人類健康產生什麼影響。

麻省理工學院生物學家強納森．金坦白說明，若科學未經嚴格審查，可能在社會上扮演什麼危險角色。他認為，若為科學而科學，可能造成偌大風險，這些風險往往被那些對這種科學研究具有個人或政治興趣的人所低估。「我在越戰期間，還是加州理工學院的研究生，裡頭有許許多多研究飛彈的工程師。」強納森．金在一場關於重組基因議題研究的國家科學院論壇上說道：

我們之中的一些人，擔心這些人正運用自身的科學技術，設計殺人工具。我們會圍繞著坐在宿舍裡，他們指責我們干預探究科學的自由。究竟是什麼探究自由？你們在做的，可是飛彈耶。他們會說：「我們做的不是飛彈；我們透過液體媒介，研究進階版的拋體運動。如果我們不這麼做，就無法從中學習。」

我們被告知，如果這項已被證實並非災難的實驗無法完成，那麼我們就是在阻礙知識。我問你，如果有那麼一丁點的機率它發生了……沃爾德、哈柏德、查格夫還有卡瓦里爾里這些人是對的；實驗完成了，我們也得到了答案：一場災難。那麼，人類將何去何從？

一九七八年，一位家庭主婦兼紐約地球之友（Friends of the Earth-New York）環境行動份子法蘭辛·興玲（Francine Simring），也對基改議題漸感興趣。她號召其中幾位科學家（包括哈柏德、金與紐曼等人）一同創辦名為負責遺傳基因學聯盟（the Coalition for Responsible Genetics）的團體。幾年後，此團體重新命名為負責遺傳基因學委員會（the Committee for Responsible Genetics, CRG），旨在「討論、評估，並教育大眾生物科技對社會的影響」。截至該時，團體已擴充規模，新增幾位學者，一位關心新基因學運用與勞工權益的勞工運動領袖，還有幾位環境與社區行動份子。未來二十五年中，CRG成員不斷尋求參與政策討論、影響立法、教育大眾基因改造相關知識，舉辦有關該議題的公眾辯論。此外，他們也在雙月新聞報《基因觀察》（*Gene Watch*）[6]中，穩定提供讀者廣泛的生物科技相關議題分析。

CRG的波士頓成員，並非唯一於一九七〇年代便開始為新基因科技感到擔憂的人。其他兩位核心成員是傑瑞米．里夫金（Jeremy Rifkin）與泰德．浩文（Ted Howard），如同許多CRG成員一般，里夫金與浩文對越戰的態度都相當激進。里夫金成長於芝加哥南部一個政治民主，但社會相對保守的勞工階級社群。他就讀賓大，並於戰爭開始時，積極參與學生會與兄弟會等組織活動，開啟了人生新道路。里夫金與浩文開始為一本小型左傾雜誌撰寫文章後，他們得知一些藥廠正在研發基因重組科技。兩人於是做了一些調查，撰文並出書，名為《誰該扮演上帝？》（*Who Should Play God?*），本書迅速成為暢銷書。大約於此同時，里夫金與浩文建立了經濟潮流基金會（the Foundation on Economic Trends, FoET），成為生物科技評論的關鍵基地。

儘管一些讀者認為《誰該扮演上帝？》一書誇大事實且危言聳聽，然而它涵蓋了生物科學新潮流中，具有影響力的政經與哲學評論。從里夫金的觀點看來，「打從一開始

6 《基因觀察》第一期囊括了環境保護局（EPA）與立法規定、工作場所基因檢驗、生物武器、「致癌基因」（oncogenes）與實驗室安全等，以及種子與生物科技等相關文章。後續議題包括生物科技與第三世界、產前檢驗，還有基改生物「蓄意釋出」，以及它們製造的環境風險等議題。

便相當清楚，這〔將會〕是下一波主要的哲學、科學、科技、社會與文化革命。」更進一步，這波革命「促使我們在它改變世界之前便先行思考，而非變化發生後才來思考。」因此，里夫金與浩文為革命的一切想像作出了分析。透過他慷慨激昂的寫作、令人振奮的演說與挑戰立法，里夫金成為此議題最廣為人知的代表。

重組基因的消息在全球科學社群之中傳開，西歐一些科學家、社會科學家與食物環境行動份子，同時也以批判眼光看待因基因工程而起的社會、環境、動物與人類健康等議題。如我們將在第四章中詳述的，德國是最早有核心批判社群興起的國家之一，因二戰期間國內運用優生學，而對此議題變得更為敏感。一九八〇年代中期，一群德國女性主義者批判新基因遺傳科學簡化論，並為他們所擔心的複製權和胚胎研究發聲。德國綠黨以不同理論基礎，從倫理學乃至科學不確定性與風險，質疑基因工程應用。該團體其中一位特別活躍的成員，是一位支持德國綠黨的歐洲議會長期行動份子與成員，班尼迪克・哈爾林（Benedikt Haerlin）。哈爾林協助在德國柏林創立基因倫理網絡（Gen-ethical Network），一個基因科技與複製藥品的情報交換組織，協助批判這些科技的人聯繫彼此[7]。他同時也確保了歐洲議會其他成員，聽見針對科技的批評聲音。

英國一小群食物、動物權行動份子，與具有批判的科學家，及「科學與科技」學者等人，通通在一九八〇年代時，因生物科技而聚在一起。這之中有食物行動份子提姆・

朗（Tim Lang）與艾瑞克·布朗聶（Eric Brunner），一位在倫敦食物委員會（London Food Commission）工作的生物科學家。喬伊絲·狄思華（Joyce D'Silva）是在世界農場動物福利協會（Compassion in World Farming）工作的動保人士；在綠色和平組織擔任生物科技科學顧問的獸醫蘇·梅耶（Sue Mayer）；大衛·金（David King），一位主導小型綠黨的基因學者——此團體受到啟發，命名為基因論壇（Genetics Forum）。上述這些人與其他歐洲行動份子，一併組織多面向活動，好適時阻止生物科技產業將牛生長激素（bovine somatotropin）引介到歐洲。

「批判的發展」與種子議題

有些人，則開始從完全不同的角度，質疑新生物科技的意義與商業發展。一九七〇年代晚期，卡里·發勒（Cary Fowler）、厚普·珊德（Hope Shand）與派特·慕尼（Pat Mooney），針對與單一文化產業風格相關的基因多樣性流失，一併動員。剛開始碰觸這項議題時，三位人士都是發展中的國際批判社群的一份子。數年之間的頻繁碰面，促

7 十年後，哈爾林成為國際綠色和平組織反基改食品領導者，同時也是該組織在歐洲行動的主要策劃者。二〇〇六年十月，基因倫理網絡歡慶二十歲生日。

使他們成立了名為國際農村發展基金會（Rural Advancement Fund International）的小型組織，總部設在加拿大薩斯喀徹溫省，以及北卡的匹茲波羅鎮。

發勒率先在和喬瑟夫．柯林斯（Joseph Collins）與法蘭斯．穆爾（Frances Moore）聯手撰寫《綠色革命：自然環境與人口壓力》（*Food First: Beyond the Myth of Scarcity*）一書的過程中，得知基因流失相關問題。《綠色革命》一書乃批判主流發展途徑的主要叢書之一。發勒變得相當警覺，他加入國際農村發展基金會位於北卡的辦公室後，仍持續研究此現象。他在那裡撰寫了一篇針對此問題首次的政治經濟分析文章[8]。一九七六年，發勒受邀於鄰近的杜克大學舉辦的一場研討會中演講。在座的還有厚普．珊德，曾在拉丁美洲待過好一陣子的大學四年級女學生，她的畢業論文，以跨國企業與當地飢餓問題為主題。發勒在演講中表達了對於發展、綠色革命與世界飢餓問題的批判觀點，珊德在下面則聽得著迷。「真是太棒了，」她邊回憶邊說：「我簡直不敢相信他在台上說的話，因為我完全找不到一本書，和我正在研究的東西相關……我覺得，這傢伙真的明白我想寫的東西。」一年後，珊德成為美國VISTA組織（Volunteers in Service to America）的志工，在那裡為發勒工作，和他展開了長達數年的合作關係。

於此同時，發勒和派特．慕尼在運動中相遇。慕尼是位多年來關注發展議題的加拿大行動份子。一九七〇年代中期，他與妻子在全世界背包旅行時，首次得知基因流失相關問題。英國樂施會請他在旅途中，調查斯里蘭卡近期國營茶園營養嚴重流失相關報告。因為該議題相當敏感，慕尼只好於半夜時分，悄悄從旁邊的稻田潛入，和種植稻米的農夫攀談。「種稻的農夫告訴我關於稻作基因流失的問題，他們說，再也無法把從前的多樣性找回來。他們不喜歡……綠色革命多樣性，對自己身處的環境也不是很高興。」他這麼說。雖然當時慕尼沒有思考太多和議題相關的事，他卻還記得自己聽見發勒把基因多樣性的損失，歸因於南方世界採納綠色革命多樣性的作法。慕尼深信基因流失問題有多嚴重，於是他決定全心全意投入該議題的運動。

慕尼、發勒和珊德並肩作戰，組成了種子議題運動的鐵三角。發勒如此形容：

現代農業需要可預測性。因此，植物育種員努力尋求一致性。他們使植物繁殖並近親交配，好培育出他們想要的植物特質。結果就是極端基因限制新品種出現……。曾經有上千種不同的小麥種類，但我們現在能見的卻只有少數幾種而已。我們失去了這些多

8 即便這只是一本以極有限經費出版的小冊子，《發勒的格里翰中心種子指導目錄》（*Fowler's Graham Center Seed Directory*），出版之時，也造成一股不小的轟動。

樣傳統植物的同時，植物的遺傳物質，也將永遠失去了。這就是危險所在。

國際農村發展基金會（RAFI）行動份子則表示，這樣狹隘的基因多樣性，在各國將智慧財產權延伸到新植物品種上時，只會更加惡化。他們認為智慧財產權，特別是針對植物專利的首波專利潮，對貧窮者而言是一項重大威脅。因為這項措施，讓那些難以負擔價錢的人無法購買種子。再說，提倡智慧財產權立法，也反映了極大的不公：儘管多數基因多樣性來自南方世界，農業研究私人化的結果，很明顯圖利北方世界的研究者與種子公司。這些人才擁有制度能力，懂得運用法律保護自己。RAFI成員還預測——以結果來看這是一項正確的預測——智慧財產權在農業研究的擴張，將大幅增加農業商業對種子產業的投資興趣。

建立於他和歐洲發展團體的關係之上，派特．慕尼於一九八〇年代早期創立了「種子運動」（seeds campaign），傳遞大眾基因多樣性流失的訊息，以及智慧財產權的相關議題。慕尼在國際發展行動聯盟（the International Coalition for Development Action, ICDA）贊助下組織活動，ICDA是與發展相關的非營利聯盟組織，總部設於阿姆斯特丹。他們最早的政治努力，是試圖阻止全世界政府機關，採納植物育種人員權利立法（這是一種較為「軟性的」智慧財產權），並且迫使聯合國糧食暨農業組織，改善大眾基因銀行系統，好讓現有種質能獲得更好的保存。其後，慕尼在ICDA的繼承者漢克・哈柏林（Henk Hobbelink），將組織行動轉到名為國際基因資源行動（Genetic Resources Action International, GRAIN）的新組織裡，該總部設於西班牙巴塞隆納。哈柏林與法國同事蕊內・弗威（René Vellvé）一起，帶領GRAIN在之後的二十年，持續為種子議題工作。

參與RAFI和GRAIN組織的行動份子，企圖為以下議題溝通：傳統多樣稻作喪失的嚴重性、曾經自由供應的資源私營化（種子產業）、跨國企業悉數買下全世界的種子公司等等。他們這些關心與努力，得到南方世界一些人的熱烈迴響。這群人為了農業、農村發展與社會正義等議題奮鬥，包括在尼加拉瓜為基因保存議題工作的祕魯農業經濟學家丹尼爾・奎若（Daniel Querol）、在智利與當地原住民社群工作的農業經濟學家卡蜜拉・蒙特西諾絲（Camila Montecinos）、兩位印度裔工業化農業批判者——凡達娜（Vandana）與米拉・席娃（Mira Shiva）。這些人與種子議題評論者互動時得到共識，成為一群雖小但持續成長的全球反基因工程聯盟一份子。同時，他們轉移北方世界行動份子的注意力，關注在地知識系統的重要，以及小農在生產與維護農業基因多樣性所扮演的角色。這些農業專家表示，不僅因為第三世界是全球基因多樣性的主要來源，也因為這種多樣性，是千年以來農民的努力成果。一代又一代的農民，仔細選擇、保存、傳承種子，與其他社群的人們交換種子。不認可這些農夫在維護多樣性所扮演的重要角色，只是讓智慧財產權立法更雪上加霜而已。同時，也會有效使「生物剽竊」合法。的確，若說有一個議題徹底冒犯了南方世界的行動份子，那麼就是為植物取得專利的潮流。

對於這些以及其他在一九八〇年代加入運動的南方行動份子而言——諸如菲律賓的尼可諾．佩拉斯與許國平（Martin Khor）、馬來西亞的安瓦．菲佐（Anwar Fazal）與馬丁．亞伯翰（Martin Abraham）——這樣的批判，距離他們對農業上一波「奇蹟」科技（綠色革命）與最新一波基因革命的批判，並不太遙遠。基本上這些行動份子一聽到某些科學家與生物科技產業，宣稱基因工程可以解決全世界的飢餓問題，他們便立刻回絕這種說法。世界的飢餓問題，不僅在政府、農業科學家與農業推廣員，試圖將綠色革命小麥與稻米高產量多樣引進農田時沒被解決，這些多樣性，甚至和許多有害的社會與經濟後果扯上關係，而這些後果往往發生在窮困者的身上。農民無法負擔投資綠色革命的昂貴經費，他們通常因為借貸而導致貧窮，結果就是許多人在這些多樣性被引進後，卻遭到驅逐，造成農村人民在城市流離失所的問題。行動份子對於這些現象具有高度認知，他們因而批判工業化農業的整體雛型，只是加強了工業化農業的思考方式。佩拉斯在以此為主題的一篇文章中提及：

> 農業生物科技假設並建構在……現有的觀念、價值、社會結構、資本與化學密集農

業的技術與應用……現代農業的隱含目標與價值，掌控了新農業生物科技每一步的發展。除非有對現存思維與運作的巨幅修正……我們將……看到當今環境與社會問題急速加劇，這些問題都與現代農業有關。

佩拉斯不是唯一一個拒絕西方「科技科學」價值與信仰的人，也不是第一個呼籲同伴全面思考人類與環境關係的人。許多人也有一樣的想法。

架構的發展與分析

這些個體的工作、社會考量與世界觀有了交集，他們便開始針對科技進行分析。為反生物科技運動奠下知識基礎的核心行動份子，曠日廢時地參與潘蜜拉・奧里弗（Pamela Oliver）與漢克・強森（Hank Johnston）稱之為「思考工作」的活動。他們廣泛搜尋資料，大量閱讀和基因工程相關的科學與商業資訊，批判分析他們收集到的資料。簡言之，他們做學者專家做的事：將分析技巧、理論觀點與領域知識，應用在問題與資訊主體上。他們與學者專家最主要的不同點，在於大多數由學界、理論研究所與研究機構進行的研究，傾向於複製霸權知識與權力關係，而這些運動思考者，則在腦中進行主要詮釋。詮釋的過程中，他們呈現了社會運動在社會中扮演的重要角色之一：思考並產生新觀點，製造新知識。

這些行動份子在研究生物科技上花費的努力，在他們的寫作工作中一覽無遺。派特．慕尼在《地球的種子》（*Seeds of the Earth*）一書裡，結合廣泛知識，提出原創又有說服力的論點。這是第一本探討基因工程對生物多樣性與小農可能造成的影響的書。來自英國的彼得．惠里（Peter Wheale）與露絲．麥可娜禮（Ruth McNally），共同著作《基因工程：災難或烏托邦？》（*Genetic Engineering: Catastrophe or Utopia?*），書中描繪他們試圖將新科技與科學和經濟發展連結時，如何研究科技文件與其他晦澀的文件。傑克．道爾（Jack Doyle）的名著《改變的豐收：農業、基因、世界食物供給的命運》（*Altered Harvest: Agriculture, Genetics, and the Fate of the World's Food Supply*），仔細分析智慧財產權法律演變，詳述製藥、石油、農業經濟等產業如何重組成為生命科學產業，以及說明生命科學公司為獲得種子公司所做的種種努力。道爾不像那些在這股潮流中嗅出經濟與科學潛力的人，他反其道而行，指出負面影響：農業將握在大公司手裡、生物多樣性會流失，農民也將失去更多自主權。

早期評論家分析生物科技時，會在過去與現在、現在與未來之間作連結。如我們先前提到的，綠色革命批判者將較早由農業科技帶來的社會經濟與環境問題，和基因革命可能的影響連結在一起。其他行動份子，則利用針對農業化學與核能科技的批判分析，批評與重組DNA相關的健康與環境風險。負責遺傳基因學聯盟首位執行長泰利．構德柏（Terri Goldberg）如此描繪連結過程：

早在一九七〇年代，重組DNA剛興起時，便有許多人憂慮……這項研究將如何進展、走向何方，會有什麼樣子的影響，我們〔是否〕該作好準備，應付可能出現的任何後果……類似問題到處都有……大多數我提到的人，都在反戰運動時期受教育，他們也反戰……將這項新興科技視為當時整體運動的一部分……那時有很多針對核能與化學廢料場運動的行動份子，還有發生在紐約愛河（Love Canal）的嚴重化學廢棄物問題等等。人們強烈感受到：「當我們可能可以造成影響的時候……我們怎麼不去質疑這些發展呢？」……也許在化學革命與核子革命的開端，我們可以說：「等一下。和這些革命相關的健康還有安全議題是什麼？這些革命的環境影響又是什麼？」……這麼做的話，我們現在也許就不會在這裡，試圖處理三哩島核洩漏事故，和愛河事件了。

一九八〇年代，雷根總統與柴契爾夫人放寬管制，表現在新自由主義思想與具體政策改變，就是限制政府立法者、解放企業，成為當時行動份子行動的主要社會與政治背景。帶有批判眼光的觀察者，擔心無人負責擔保大眾食品安全與「自由市場」環境。對南方世界行動份子而言，他們自己國家被美國與歐陸掌控的剝削歷史，恰恰可作為基礎，用來詮釋這些科技將如何被運用、掌握在誰手中，以及誰可以從中受惠。這些行動份子警覺到，每一項新科技都會對社會造成影響，它們將被引介到具體而有歷史的政治與經濟環境中。他們沒有理由相信，在嚴重的權力不平等下，新生物科技會製造出有別於先前由「第一世界」科技所製造出來的東西。再次引述博熱沃會議的結論：「如同其他任何一項科技，〔生物科技〕錯綜複雜，與製造和使用它的社會相連，和它所處的環境一樣，有社會公正與不公正之分。因此，我們的結論是，在今天的世界裡，這項最有說服力的新科技，更有可能為有錢有權的人服務，而非那些既貧窮又沒有權利的人。」

行動份子「思考工作」的社會本質

將知識生產過程理論化的過程中，榮恩．艾爾曼與安德魯．加米森觀察到，知識反映了「一連串運動中與運動間的相遇，以及……和對手的相逢。」但在此之前，行動份子首先必須參與自己的內部討論，達成針對一項議題的集體批判。這正是反基因工程運動早期階段會發生的事，人們相遇、談話、**思考**，也就是說，他們與其他世界觀基本相同的人，分享自己的觀點。這些人相遇時，每位參與者都在討論中貢獻特定考量，交換新觀點，向彼此學習，加深理解。過程中，行動份子發展出一套更一致、精細、多面向的分析，對議題的投入也與日俱增。

反生物科技行動份子參與在地、國家與跨國間的網絡，對生物科技發展集體批判，起著相當關鍵的作用。打從一開始，一大群針對議題工作的行動份子、科學家與學者，便一道工作，互相影響。一九八〇年代早期，美國研究能源部門環境行動份子傑克．道爾，在與卡里．發勒會談後，得知荷蘭皇家殼牌集團欲投資種子產業一事。這件事使他著手研究生物科技產業，可以在他的著作《改變的豐收》一書中，看見他的嘗試與努力。英國世界農場動物福利協會執行長喬伊絲．狄思華，從美國人道協會（Humane Society）麥可．福克斯（Michael Fox），聽說了重組牛生長激素的使用；其後，他便與倫敦食物委員會提姆．朗與艾瑞克．布朗聶、幾個農場組織與一些人合作，共同發展出針對牛生長激素與其危害的全面分析。國際基因資源行動（GRAIN）共同創辦人漢克．哈柏林，開始在國際發展行動聯盟（ICDA）工作，因為他對聯盟成員針對發展中國家的農業批判很有興趣，此外他也發現了傑克．克羅彭柏格（Jack Kloppenburg）與馬丁．肯尼（Martin Kenney）對生物科技的政治經濟分析[9]，為他提供了具有說服力的分析框架。史都華．紐曼是負責遺傳基因學聯盟創辦者之一，如此分析觀點發展過程的社會本質：

對我而言，這是個人巔峰經驗之一，一年與這群人碰面兩次，發展出這些批判。我們幾乎從零開始，探討所有議題。那時候甚至還沒有任何基因工程作物發展，我們便已預知它的存在。至於基因工程的人類嘛，好吧，其實根本還沒發生，〔但〕我從二十年前就開始討論它了……。

每個委員會議之前的星期五……會有波士頓〔負責遺傳基因學聯盟以外〕的人來……參與一系列工作坊……我們總有新人加入。有……一群為身障者權利努力運動的人，於是我們便可以學習關於優生學的正確知識……還有一般的醫學基因，真是讓我們大開眼界。

這些都是很棒的教育經驗，我們〔全都〕受惠了，因此我們的教育和寫作能力也通通變好了……每個人都被要求在不同時候，針對這項或那項議題發表看法。所以我們的分析會有深度；我們不將討論視為單獨議題。我們將它看成是一個整體……而非其中的一小部分而已。

如紐曼所描述的知識聚會，發生在組織中與組織間，也在各國與各州的個體和團體中發生。反重組牛生長激素聯盟及基因論壇中，英國的行動份子聚集在一起。他們在此交換意見，發展組織策略。馬來西亞檳城的行動份子，則因為消費者議題、健康營養、社會正義和環境等問題聚集，一同談論基因工程，塑造共同分析。德國綠黨對生物科技工作團體也有類似功能（請見第四章）。一九八〇年代晚期，美國各團體行動份子，組成了生物科技工作團隊（Biotechnology Working Group, BWG），成為美國地區運動重要的知識份子聚集空間。這個批判社群成員間面對面的互動，有效協助他們建立個體情誼，以及維繫這項新興運動所需的強烈承諾感、團結感與彼此之間的支持，讓團體增添了能量、張力、幽默感與興奮感。對於團體中的許多人而言，這樣的聚會，是相當重要的靈感與士氣來源。「我〔在生物科技工作團隊〕真的有許多美好的回憶。一開始，它真是一個很棒的團體。」一位成員回憶：「後來我也參加過一些〔其他〕團體，大家都說：『噢，這就像以前的生物科技工作團隊一樣。』」

9 當時，傑克・克羅彭柏格與馬丁・肯尼都還是康乃爾大學博士生。克羅彭柏格研究植物育種歷史及「種子商業化」，而肯尼則研究生物科技產業的商業發展，還有它對研究型大學相關產業的影響。肯尼的著作《生物科技：研究型大學與產業複合體》（*Biotechnology: The University-Industrial Complex*）於一九八六年出版，而克羅彭柏格的書《種子優先：植物生物科技的政治經濟》（*First the Seed: The Political Economy of Plant Biotechnology*）則在兩年後首度問世。身為學生，肯尼和克羅彭柏格也早在一九八四年，便已出版在市面上流通的作品。他們兩位都曾參與一些行動份子聚會，經由這些過程，向他人分享觀點，也從其他行動份子身上學到東西。

打從一開始，科技評論者尋求彼此之間的聯繫時，各式各樣的點子便在全世界流通，像是跨國組織成員間的交流。像國際消費者聯盟組織（the International Organization of Consumers Unions, IOCU）的跨國組織、殺蟲劑行動聯盟（還有後來的綠色和平和地球之友），都在各國設立辦公室，成員定期聚會，討論各種議題。國際行動份子會議如博熱沃會議，則代表了另一種知識交流的重要聚會。透過如此這般的聚首，行動份子奠下運動的知識基礎，開拓社群的眼界，發展成為無所不包含的分析觀點。

人們也在各洲之間旅行時，互相交換點子與資訊。舉例而言，班尼．哈爾林於一九八六年抵達美國時，從傑瑞米．里夫金的同事琳達．布拉德（Linda Bullard）那裡，得知基因改造工程相關資訊。回到布魯塞爾後，哈爾林發現一些德國女性主義者與科學家，早就針對此議題工作，於是他便加入了這些人的行列。很快地，他將布拉德聘來布魯塞爾，擔任綠黨的生物科技顧問。里夫金、哈爾林、布拉德與其他基因改造工程和生命專利評論者，在接下來的多年間，成功讓生物科技，成為綠黨主要的政治與立法議題之一。國際發展行動聯盟和國際基因資源行動在各洲建立的國際種子網絡，是人們分享點子和資訊的另一個關鍵領域，例如行動份子在歐洲倡導的「生命無專利」活動。（請見第四章）

行動份子的能力

負責遺傳基因學委員會成員、里夫金、浩文、國際農村發展基金會行動份子和其他各式各樣的分析與發表，反映了此議題的架構，因為它們「有選擇地強調和為物件、情況、事件、經驗與系列行動定位」，放大特定價值與信仰，歸咎責任，辨識原因。然而，這些分析與發表代表的不僅如此；它們同時也反映了觀點形成、闡述與重現的社會過程。以特定角度看來，它們不啻為知識結晶。這點由這些個體所產出極富活力的分析可看出，這些分析與科學、法律、制度，以及生物科技產業本身的發展同時並進。一旦批判社群中一位或數位成員思考、談論並且書寫，這些發展就開始了。

關於這般分秒發生的知識工作，傑瑞米．里夫金告訴我們一個特別明顯的例子：「我坐在高等法院裡聆聽〈查卡爾巴提〉一案的審判（一則高等法院允許微生物體獲得專利的有名案件）。出席人不多，我明白這項判決將為未來兩個世紀招來商機。」而另一股正興起的、由這些行動份子所指出的潮流，是大型藥品、化學與石化企業設立農業部門，以及這些產業買下種子公司的企圖。「就讓我們毫不含糊地直陳問題：生物科學最大的威脅，就是生命即將成為幾家巨擘公司的壟斷財產。」發勒和他的同事，在博熱沃會議兩百頁結論中如此寫道。他們親眼目睹這些改變發生。

行動份子針對議題運動時，不僅分析的視野拓寬，他們自身分析相關發展的能力也增加了。人們依據一連串正式的訓練、個人興趣與經驗，成為生物科技專家。國際消費者協會麥可．韓森（Michael Hansen）就是如此，他在基改食品安全相關的毒物學議題上，發展了相當豐富的知識。與他一同工作的還有倫敦食物委員會的艾瑞克．布朗聶，牛生長激素生物化學專家。另外還有第三世界網絡（the Third World Network）的許國平（Martin Khor）與林琪玉（Chee Yoke Ling），艾德蒙組織（Edmunds Institute）的貝斯．布羅（Beth Burrows），以及農業與貿易政策研究院（the Institute for Agriculture and Trade Policy）的克里斯丁．道爾金（Kristin Dawkins）。他們全都具備豐富的與基改食品議題相關的國際法與環境安全知識。這些知識來自他們多年來為跨基因生物貿易管制倡議的國際「生物安全法則」。因此，某種程度上，他們可以讓這種知識進一步成為聯合國的政治壓力。

道德與價值承諾

一如第二章提及的產業科學家與商業人士，大多數行動份子帶著自身特有的世界觀，進入生物科技業界。這樣的世界觀中，科學家、業者、政府與大學機構的特定觀點，以及他們隨之而來的行為，都為人接受且被視為「正確」，其他觀點與行為則不被接受，甚至有些是非常不尋常的。

儘管反生物科技行動份子的理性與道德憤怒感，普遍具有許多面向——也就是說，並非每一位行動份子都具有相同感受與想法，每個人對相同議題重視的程度也不盡相同——他們仍舊代表了一股反生物科技運動的集體力量。以下歌詞由英國民謠音樂家蒂娜．碧吉曼（Tina Bridgman）所寫，如其所述，許多擔憂新科學產業發展的人，打從心底拒絕當代資本主義社會主流價值觀，轉而擁抱替代的價值框架與道德觀。這些價值框架拒絕主流社會的功利主義，將社會與環境福祉，置於企業利益之前。

你沒有權利

你曾經許下承諾，
用銀湯匙餵養大眾，
然而回顧過往，
你並未履行承諾。

你說問題出在飢荒，
如何能溫飽整顆地球？
於是你和生命演化攪和，
獲取利益，正大光明。

副歌：你沒有權利，沒有權利，
你沒有權利宣示生命主權。

政府捍衛我們，
卻輕易投降，
臣服你的虛偽，
我懷疑……
哪裡有錢，他們就往哪裡靠攏。

這是我的基本人權，
我有決定權，

放棄或留下什麼。
這是我唯一能留給未來的承諾。

並非傳奇，
反而瀕臨瘋狂，
為了永恆危害生命——
你卻稱它進步。

我將走向熟悉之處，
那兒鳥語花香。
看，
我需要希望，
看見世界有了理性，
不再催殘這個天堂。

副歌：你沒有權利，沒有權利，

你沒有權利宣示生命主權。

對多數行動份子而言，他們主要的憤怒源於一種觀點，就是企業已在全球行使前所未有的危險力量，而他們老早就很反對這種力量了。「人們認為這和食物有關，我卻不這麼認為。」我們的受訪者之一，一位五十好幾的男子這麼說。「我倒認為這和主導製造基因的方式，還有發展的方式、蛋白質的來源比較有關。這和『公司決定不再使用鋅和樹來生產』有關，現在，與其說你有土地，你擁有的是黃豆。」[10]

另一位針對生物科技議題運動超過二十年的行動份子則這麼說：

對於基因改造生物，我們並非全面反彈……這真的是一項攸關掌控權的議題，這也是為什麼我們持續關注它們的原因。在我看來情況很清楚……看看在一億三千萬公畝的農地上發生了什麼事？事實就是，孟山都公司握有全世界百分之九十一的所有權。知道這件事以後，我們還需要知道其他什麼？這很明顯是一家公司的市場壟斷嘛。根本沒有所謂的五大基因泰斗。事實上只有一個。

第三位五十好幾的女性行動份子觀察：「〔生物科技〕在企業掌握過度權力時出現。尤其在一個沒有實際管理架構的全球框架下，生物科技顯得特別危險。它可能因為貪婪與機會而成形。」

行動份子對於企業貪婪與「過度擴張」的敏感，因為加入這項科技發展的公司名聲不佳，更加上漲。這些公司先前是軍備武器與化學品製造商。六〇至七〇年代，人們對陶氏化學公司、孟山都企業與帝國化學工業的印象，是它們在發展危險化學品，例如橙劑和百草枯（除草劑的一種），根本和終結世界飢餓危機扯不上關係。這些行動份子對於公司持有的不信任感，透過他們個人與政治的詞彙，表達出來。我們的其中一位受訪者透露：「我得了癌症，」

在我看來，製作除草劑的公司，就像菸草公司一樣，一直都在說謊。他們經年累月推銷除草劑，完全否認除草劑的危害。現在他們承認除草劑有風險，就改口說：「來買用生物科技製造的除草劑。」可是，這明明還是同一家公司啊！

10 這部分言論根據作者與反基因工程行動份子的訪談，書中不會再個別討論。訪談皆於二〇〇一至二〇〇四年間進行。

許多行動份子對公司做出實際上可能改變人一生的決定時，缺乏較為民主的過程，感到忿忿不平。最讓他們感到生氣的地方，是企業認為可以單方面做出可能對整體社會造成重大影響的決定，或者這項決定明明會影響全世界，卻完全沒有讓公民參與決策的過程。

沒有人清楚這些公司從事的科學與科技，會對生態演化造成什麼長期影響。這簡直把我嚇壞了。它讓我直覺地停下腳步，說：「這不對勁。」我們需要道德和公眾辯論，也需要科學辯論。我們徹底根除了討論這項科技的民主過程。

另一位行動份子則認為，所有生物科技的投資都相當「荒謬」。他為美國不去討論這些科技的公共經援，感到可惜。

觀察一下就可以曉得，他們哪有告知大眾？哪有關於生物科技的相關討論？我們都同意農業有很多問題……但是像「讓我們把所有資源投注到生物科技，用來解決所有問題」，這樣的公眾辯論在哪呢？

如此這般對企業缺乏民主過程與決定的敏感，和行動份子對大型生命科學企業主導生命專利權的憤怒感相關。這些企業得到美國政府支持後，同樣也得到歐洲政府與法院的支持。行動份子對生命可以或應該獲得專利的概念，相當不能諒解，只是更證明了他們對資本主義陰暗面的分析，還有企業永無止盡的貪婪本質。一位行動份子說：「就人類歷史而言，這樣的行為相當自以為……這是生物商業，把生命變成商品，人類變成了商品！我們變成可以用的物品了。」另一位來自印度的行動份子則說：

> 農業生物科技中，我最不能接受的觀念，就是專利取得。對我而言，專利取得和經濟息息相關。這些企業掌控了種子，百分之八十我們吃的食物的種原，來自**我們**自己。這些企業竟然膽敢破壞生物多樣性，還想來告訴我們應該要怎麼種食物！

許多行動份子認為，生命商業化令人想起異常隔離的社會，人類精神空洞，和其他人與自然界的動植物完全失去關聯。他們認為這是相當可怕而難以接受的情形。美國華盛頓反生物科技團體執行長說：「基改食品反映出來的科技想像，把限制看成是很邪惡的事。」「他們認為所有限制都是不好的。身為一個環境工作者，身為一個人，我認為那種觀點非常非常惱人。」所有生命與非生命都需要改進——而且生命本身是**可以**改進的觀點——對這些行動份子而言，恰恰反映了資本主義社會貧乏的道德觀，和他們過度的功利主義。「我想這是本世紀最重大的科技發展。它引領我們全都去思考，身為人類的意義。」一位就此議題運動多年的女性這麼說。「他們把每個生物都當成樂高積木——認為生物不過是湊在一起的一群基因，可以任意調動排列組合，好更符合人類需求——這不是我們對大自然應該持有的態度。」

這些相關顧慮製造出一種強烈氛圍，就是我們**必須得**做些什麼，改變這些新基因工程科技的歷史。不論改變的機率有多高，或是需要多長的時間來完成這些改變。一位行動份子表示，選擇對基因工程相關的道德或倫理議題保持緘默，就好比在納粹迫害猶太人時，選擇不站出來捍衛正義：

我的意思不是說他們（產業和科學家）一定會成功。而是即便他們失敗了，結果還是會很悲劇，終將改變我們所知的一切。這就是為什麼我反對複製人及（其他生物科技）的原因。不像我其他參與環境運動的朋友，我認為人類和所有動植物沒有任何分別。你也聽過那句有名的話：「我不是番茄，我不為番茄說話；我不是猶太人，納粹來的時候我不為猶太人說話。然後他們便朝著我來了。」事實就是，我們在為番茄、魚和難說話，可是他們現在還是朝著我們來了。

另一位行動份子回憶她為何投身基改議題如此多年時，這麼解釋：「我想對許多人來說，這項議題值得花上好幾輩子的努力，讓我們不會因為科技企業的優生學觀點，而被迫決定自己的未來。」事實上，幾乎所有主要的行動份子，都認為自己參與的工作，不可能在短時間內達成目標。傑瑞米．里夫金說：「我們於一九八二年便開始針對孟山都工作，這得花上一整個世代的時間。在我們真正達成目的之前，還必須花上一整個世代。」

這番話不僅是對運動的巨大承諾，同時也透露了行動份子的顧慮，他們針對先進資本主義社會生物科技的分析觀點，以及這兩者之間的緊密關聯。行動份子的道德信仰與價值承諾，為他們提供了運動的批判動機，也在數十年間賦予他們靈感，支持工作繼續進行。儘管許多行動份子，都在心中認定自己身處難以滲透的政治經濟結構，為了永不可能達成的目標奮鬥。同時，行動份子的知識活動，激發出他們的道德憤怒感，因為這些分析，揭露了與他們心目中美好社會大相逕庭的形態、關係與結構。為了在不同觀點、價值與道德準則中，探討這些緊密而互相影響的關係，我們的分析，將著重於行動份子運動時的顧慮。

運動的成長

七〇至九〇年代，上述行動份子與其他成員，積極將訊息與議題傳遞並介紹給大眾。最早的反生物科技行動份子主要成就之一，就是將生物科技議題帶入形形色色的議題中，介紹給為其他議題努力的行動份子，好讓這些議題，與基因工程的相關議題結合。舉例而言，生物科技的「蓄意釋放」（deliberate release），促成兩派人馬相互討論：一派是擔憂這些新基因工程將導致環境與健康危害的人，還有關心基因專利、企業過度集中、生物多樣性喪失而導致謀生方式消失的人，特別是在南方世界。這些相關顧慮與結盟，在一些參與議題的西歐團體中特別顯見：德國綠黨、瑞士綠色和平、英國綠色聯盟、英國基因論壇、國際發展行動聯盟，以及世界農場動物福利協會等組織。

歐洲行動份子在拓展論點訴求方面格外成功，因為他們將十足具有政治力量的社會**風險**（指健康、環境、倫理與文化）以及顧客權利，放在新基因科技意義分析的關鍵核心。關心這些風險的公民社會組織——特別是像綠色和平、地球之友和英國土壤協會（British Soil Association）等環境組織，還有法國農民聯盟（the Confédération Paysanne）等農民組織——都已在歐陸設下緊密的監督網絡。這些團體的有力人士，得知反生物科技的知識分析後，便參與其中。反生物科技運動於是改變了型態，邁向新階段，從不同面向擴充成員與內容。

我們將在第四章中談到，歐洲的轉捩點發生於一九九六年，當時班尼迪克．哈爾林說服國際綠色和平組織，開啟一項新的反基因工程主要運動，班尼迪克本人則開先鋒，負責統籌與執行。時值孟山都將基改種子引介到歐洲市場，行動份子開始採取行動，封鎖孟山都公司進口種子的港口，這些種子未上標籤，並且混雜了非基因改造的黃豆種子。行動份子將孟山都的舉動視為秘密而不光明正大，會汙染歐洲種子市場，並將高風險、難以根除的食物科技影響，加諸消費者身上。大眾對食物議題日趨敏感、擔憂，也越來越懷疑企業動機。許多歐洲非營利組織針對基改食品發展出新活動，以聯盟之姿行動。同時，一些私人基金會開始資助團體，針對基改議題運動。舉例來說，大型環境基金會歌德史密斯信託（the Goldsmith Trust），便於英國著手贊助反基因改造活動，包括基因論壇，一個由三十一組反生物科技運動團體組成的聯盟。

在美國，行動份子的網絡逐漸擴大，因為在各顯著而相關議題中運動的行動份子，認為有必要正視這波新科技的潛在力量。針對生物科技運動的團體數，由七〇年代的三組，到八〇年代的十四組，乃至九〇年代超過三十組團體。生物科技工作團隊（The Biotechnology Working Group）迅速擴張，從十幾人，一直到兩倍之多。一些來自家庭農場的代表加入，以下團體亦有代表陸續參與團隊：國家毒物行動組織（the

National Toxics Campaign）、明尼蘇達食物聯盟（the Minnesota Food Association）、華盛頓美國魏理公會教堂（the United Methodist Church in Washington, D.C.）等。美國本土對反基因運動擴張最具影響力的個體（某種程度而言，在全球的影響力），非傑瑞米・里夫金莫屬。八〇年代與九〇年代，在里夫金「店」裡（經濟趨勢組織，the Foundation on Economic Trends）工作的，有尼可諾・佩拉斯，如前所述，他後來成了菲律賓替代發展中心（the Center for Alternative Development Initiatives）執行長。琳達・布拉德則扮演連接美國與歐洲反生物科技運動的關鍵人物。兩位律師——安迪・金布爾（Andy Kimbrell）與喬伊・孟德爾森（Joe Mendelson），共同在華盛頓成立了國際科技評估中心（the International Center for Technology Assessment）與食品安全中心（the Center for Food Safety）。榮尼・柯敏思（Ronnie Cummins），後來擔任有機消費者聯盟執行長（the Organic Consumer’s Association），總部位於明尼蘇達州。浩德・萊曼（Howard Lyman），原本為國家農民聯盟（the National Farmer’s Union）工作，其後成立永續未來之聲組織（Voice for a Viable Future）。還有約翰・史道柏（John Stauber），基地在威斯康辛州麥迪遜的《公共關係監督》（*PR Watch*）共同編輯，同時也是《有毒污泥有益處》（*Toxic Sludge Is Good for You*）的作者之一。這些個別的行動份子，憑著自己的本事，一一成為重要的反基因改造行動份子。

因為理念相同，針對同一議題運動的行動份子，沒有嚴密的組織網絡。因此，他們開始在大眾團體中，建立堅固的組織基礎。這些成員中，許多是曾長期於著名組織工作的行動份子，或曾參與其他社會運動，也有兩種經驗皆有的人。此一事實，恰恰反映了馬歇爾．岡茨（Marshall Ganz）提出的運動「策略能力」（strategic capacity）之說。換言之，也就是運動與環境有效互動，和組織採取策略的能力。首先，行動份子的多年經驗，說明他們擁有充足的相關技能與知識背景，可以充分運用在反生物科技運動上，針對支持生物科技產業的政府機構運動。其次，這也代表了反生物科技運動多數成員，從穩固而有政治因素的組織基礎開始運動。事實上也是如此，許多環境、消費者與其他種類的提倡團體，都成了重要的公眾監督者。從這點看來，反基因改造行動份子，的確很適合參與這些運動。

這些臥虎藏龍的行動份子，同時也代表了重要的文化資產。早在九〇年代中期以前，運動便已歷經一波大型擴張。反基因改造運動核心成員，由受過高等教育、中產階級的專業人士組成。他們之中的許多人，擁有科學、法律、經濟或城市／鄉村規畫等領域的高等學歷。這些個人特質（階級、教育與經驗）為行動份子注入了許多信心，以及一股強大的歸屬感。這點可由以下例子明顯看出。一位長期參與反生物科技運動的行動份子，被問及為何願意將心力投注在如此耗時費力的抗戰時，大聲疾呼：「**人類**創造歷史，不論是主動參與，或由別人為你決定，結果也可能不是你想要的。總之，**人類創造歷史！**」

隨著這種「夢想家」類型行動份子的知識網絡日益擴張，他們發展出自己特有的一套，針對科技的共同論點。他們的運動對於促成更普及的社會運動，發揮兩方面的關鍵影響：首先，行動份子推廣大眾皆可取得的新科技知識，認為他們可以直接挑戰產業與政府的觀點。接下來則是吸引來自私人基金會，為數雖少卻穩定的經費贊助。這些基金會認為，以研究為基礎的倡議團體，是政府和產業放寬管制時的重要監督者。

衝突的生活世界

和普遍認知不同的是，反生物科技運動並非興起於九〇年代晚期。當時，來自世界各地的反基因科技抗議者，例如來自布魯塞爾、倫敦、印度等地的行動份子，開始在全球報章雜誌與電視等媒體管道曝光。這項運動起源，要追溯到舊金山灣附近的分子生物研究室，首度突破基因剪接技術之時。然而，即使在那命定的一刻之前，針對農業生物科技的反彈，早已根植在以下群眾或事件中：一小群質疑科學家在社會上應當扮演何種角色的學術科學家；六〇與七〇年代開始發展的社會運動，以及促使這些運動產生的環境、健康和社會正義等議題；南方行動份子對綠色革命造成的社會影響的反應，北方援助機構有問題的「社會發展」等等。

對特定族群的人而言，經歷過這樣的歷史時刻，改變了他們的生命，同時也大幅形塑了他們的世界觀。他們成為行動份子社群的一部分，互相分享經驗與觀點。一如我們於第二章中分析的科學家與產業生活世界，這些生活世界，好比一個鏡頭，行動份子從這個鏡頭觀看世界、選擇並詮釋一些特定事件，將不同時間的不同現象作連結。舉例來說，批判核能的人認為，試圖干預人類、植物、動物的基因，勢必會導致難以預測的（而往往是不可逆的）問題。同樣地，所有反對綠色革命的行動份子，也會認同基因改革很可能造成社會、經濟與環境的問題。簡言之，人們對於事件與情況，還有對於彼此的**解讀**，都與他們的生活世界有著密不可分的關聯。

反基因改造行動份子及在產業中工作的人，透過社會、社會化與個人經驗，發展出自己的生活世界。影響他們的，還有某些特定觀念、次文化，以及學術訓練（對某些人而言）。這兩者觀看世界的方式，都與他們自身的倫理道德密切相關，因此他們將一些行為、事件與社會結構，視為正確、可以接受且合法的，而其他的，就是錯的、不道德且難以被忍受。特定社會網絡的成員，總是傾向於強調某種文化結構下的觀點和思考模式，將其他都認定是「胡說八道」。譬如行動份子圈裡的人，如果本來沒有特定觀點，很快就會覺得生命專利的概念十分可惡、不道德，並且相當負面。反觀在生物科技產業工作的人，則有相當不同的文化解讀。他們將專利視為對智力勞動與公司，針對研發所投注的資金，最公正且公平的報酬。簡單來說，專利就是他們生活世界中，事情運作的一部分。

行動份子社群與產業科學家的生活世界，最主要的不同點，在於前者與當前居於主導地位的思考方式衝突，他們反對現狀；後者則反映了與主流意識形態相容的價值觀，並支持現狀。這意味著行動份子對基因科技的分析，並非一蹴可幾，必須一步步建構。正如我們在本章中探討的，這樣的過程，需要經過許多認為生物科技有害社會的人的「思考工作」，方能完成。

第四章

西歐生物科技產業的奮鬥故事

回顧過去，我們似乎天真得令人不可置信，事實上也的確如此。孟山都領導生物科技產業，努力達成事業目標。其他人懷疑這項產業時，我們卻對它有十足信心，一切也運作得很好。我們跋山涉水，胸懷大志。

——孟山都總裁，羅伯特．夏皮洛（Robert Shapiro）

努力讓一項新基因改造玉米通過審核，對現在的股市而言，很可能是最不恰當的事。最後你會冒然說：「不管怎樣，我就是要這和東西一起走下去。」

——愛德華證券與約翰威里公司（A.G. Edwards and Sons, Inc.）產業分析師艾力克斯．希特爾（Alex Hittle）

二十世紀結束時，農業生物科技產業這輛隆隆前進的巨頭火車，嘎然踩下剎車。掌管孟山都公司永續經營的關鍵人物羅伯特・夏皮洛，對於公司在歐洲遭受的嚴重反擊，苦惱不已。農業生物科技在九〇年代中，看似握有重要商機——美國與歐洲政府通過了第一批基改玉米量產、基改黃豆與玉米種子上市、美國農民也對此新科技非常期待——然而，到了世紀末，卻全成了一場風雨欲來的災難。彷佛只是一夕之間的轉變，歐洲食品加工業者選擇暫停使用所有基改成分原料、零售商停止販售基改食品、歐盟亦因一些歐洲國家的政策轉變，而於一九九九年起，宣布「非正式」暫緩通過新基改玉米。更糟的是，許多其他國家，特別是將大量農產品販售到歐陸的前歐洲殖民地，更加謹慎觀察此現象，並徹底撇清與基改新科技的關係。一連串事件，使得生物科技產業，遭逢前所未有的障礙。

有什麼理由，可以解釋這些歐洲食品產業劇烈轉變，還有政府的立法措施呢？為什麼基改食品與種子的歐洲市場會突然蒸發，致使產業陷入一陣慌亂，劇烈改變科技方向？本章中，我們將探討看似急遽轉變的歐洲政治與政策，實則已經歷了十五年來持續不間斷的「反論述」工作，還有反生物科技行動份子，試圖阻止基改食品進入歐洲時，所精練使用的政治操縱。反生物科技運動第一階段，也就是一九九五年之前，多數活動以發展生物科技替代論述的方式進行（以第三章中提到的集體腦力激盪方式進行），挑戰「專家知識」，試圖影響各國政府與歐盟整體立法架構。整個過程之中，反生物科技行動份子也將他們的世界觀，帶入政策制訂與公眾意見政治領域。

八〇年代與九〇年代，多數歐洲政府與歐盟全體，都想塑造一股氣氛，建立可以幫助生物科技產業發展的研究與投資氣候，協助新科技在農業、醫藥與臨床領域實際應用。政府企圖達到這些目標的同時，反生物科技行動份子，也嘗試從許多不同的管道發聲。其中之一是試圖影響各國與歐盟針對基改生物「蓄意釋放」的立法。另一個方式，則是展開一場反對歐洲委員會建立「專利條約」（「生命專利條約」）的長期抗戰。這項條約將智慧財產權延伸到生物體，正如美國最高法院針對〈鑽石對查卡爾巴提〉案的決議一般。行動份子也努力說服國家與全球立法機構，更加嚴格控管這項成長中的新科技。

頭十年裡，行動份子的影響，大多都不是立即明顯的。以反生物科技聲浪最烈的德國為例，政府無視於德國綠黨與其他許多非營利組織的反對，仍舊持續支持生物科技產業。英國政府和德國政府一樣，毫不動搖地支持生物科技產業繼續發展，也無視數量逐漸增多的行動份子團體活動，同意支持生物科技產業申請歐盟立法通過。法國政府亦然，在九〇年代多數時候，主動鼓勵基改玉米發展與測試。

然而，後見之明使反生物科技行動份子，在丹麥、澳洲等國家採取行動，協助奠定反生物科技運動的堅固基礎。舉例來說，早年由行動份子創造的替代論述，鑄造了大眾對生物科技的觀感。他們也舉辦抗議活動，逼迫政治人物與政策制訂者，承認人類對這項新科技的風險，還有許多不了解之處。最後，行動份子終於成功迫使歐盟制訂生物科技相關政策，讓新科技的發展得以重新調整節奏。該項政策建立的立法制度，奠基於基因改造的**過程**，而非由新分子生物科技生產的**產品**。一旦以流程為基礎的系統準備好了，行動份子就會利用歐盟的政治結構與因素，延遲或暫停讓新基改玉米審核通過。若以社會運動理論來說，反生物科技行動份子創造、也利用了新的政治機會，造成改變。

一九九五年後，第一批基改玉米抵達歐洲，行動份子得以利用具體商品反對新科技，也就是基改食品的實體。因此，反對運動情形大幅改變。透過消費者廣告與直接行動，行動份子利用產業的關鍵弱點，公開挑戰生物科技公眾意見。幾個因素從旁輔助了這些反對行動：其一是歐洲民眾對基改生物不斷增加的敏感度，這點反映了基改食品運動論述的成功，他們認為基改食品高風險、不健康，且將導致農業生病。另一點，則是基改食品的商品鏈結構，提供行動份子可用以抨擊產業的關鍵弱點。第三點來自主導農業生物科技的孟山都公司企業文化，以其美國中心觀點，結合對自身科學的高度自信，相信能掌握大眾對生物科技的敏感，隨心所欲發展科技，將新產品上市。這樣的企業文化與觀點，讓孟山都公司成為行動份子絕佳的箭靶。他們也認為，公司無法預測大眾與政府不同的文化敏感、不同的公民與消費者權利觀，以及不同個體的生物科技觀[1]。這些因素，讓孟山都公司將生物科技引進市場時，犯下了一些致命的錯誤。

以上情形清楚說明了在歐洲，反生物科技運動的核心，就是行動份子的事實。即便這些行動份子，以及他們參與的非營利組織，並非造成歐洲九〇年代政策轉向與市場關閉的唯一原因，他們仍舊是關鍵因素。正是這群歐洲行動份子打了頭陣，反對農業生物科技，使之成為公眾議題。換句話說，反基改運動若沒有針對農業生物科技打轉，這項新科技將得到相當不同的迴響，有著非常不同的發展和結局，在歐洲與全世界皆然。不僅歐洲人將購買更多基改食品、在鄉間種植更多基改作物，全球其他地方，也不會針對基改食品、飼料與種子，產生如此強烈的爭論。結果卻是，歐洲基改作物種植與消費，因為九〇年代發生的事件，大幅減少。所有含基改成分的食品，都清楚貼上了標籤。歐洲主要的農業貿易夥伴美國，則失去了重要的歐洲市場，南方世界的許多國家，也更加謹慎地引進基改種子。極少數反生物科技行動份子，有意識針對這些結果行動，而多數則更希望這項科技會徹底消失。因此，農夫、食品產業、政府對農業生物科技採取的措施，也深受行動份子的策略影響。

歐洲的生物科技發展

如我們於第二章中所見，七〇與八〇年代，新生物科學發展進入高峰期，特別是分子生物學領域。這段時期，私人產業吸引分子生物學家、植物基因學家、生物化學家，以及其他來自主要研究型大學的學者，來為基礎與應用研究工作。越來越多將野心放在業界的科學家，開始建立自己的生物科技新創公司，許多跨國企業也開始建立自己的生物科技設備與實驗室。在此過程中，嶄新的生物科技產業誕生了。

這項新產業絕大多數的公司都在美國，而歐洲也是成長中的生物科技企業大本營。歐洲的化學與醫藥大公司，諸如德國赫斯特公司（Hoechst AG）、巴斯夫公司（BASF）、山度士公司、帝國化學工業（ICI）、羅納普朗克（Rhone Poulenc）公司等，全因為這項新科技的經濟前景，加上大西洋地區競爭對手的刺激，紛紛開始投資生物科技產業。在美國，類似的投資大多因公司研究醫藥與醫學應用的興趣而起，有些仍是針對農業投資。在美國如雨後春筍般設立的小型、生物科技創投公司，比起歐陸的公

1 這樣的產業世界觀，同時也讓美國農業生物科技產業全體，很難掌握各州之間社會關聯的意義，特別在歐盟剛興起，歐洲國家之間的關係不斷變化之時。

司數目要少得多，但這不代表它們在生物科技產業裡，就沒有影響力。

對於多數政策制訂者而言，活絡科學社群的分子生物產業進步，促進了企業和投資者的數目增長。早期七〇年代，歐洲國家發現自己身處重大的經濟危機中，面臨石油短缺危機與持續上漲的通貨膨脹率，還有美國製造業，迎頭趕上歐洲的對手競爭壓力。相同現象也發生在半導體、電腦、電子通訊與消費電子產品等新興產業。讓歐洲情況更雪上加霜的，是日本身為產業強國的事實。對許多歐洲政府而言，生物科技是他們重整岌岌可危經濟的關鍵新產業。不如傳統製造業，以及其他過去的「夕陽」產業，生物科技代表了未來新潮流——一項準備用來改變經濟與其他許多面向的資訊科技。再者，這項科技解決嚴重問題的潛力，諸如災害、世界飢餓問題，乃至環境惡化，看似都相當不可限量。

根據這些評估，多數歐洲政府積極鼓勵生物科技產業發展。儘管生物科技原先在歐洲深受懷疑與擔憂，這樣的觀點也隨時間而改變，至少政策制訂者是如此。七〇年代主宰政府討論的風險議題，到了八〇年代轉變為更正向的官方論述。此番新論述，將生物科技形容成是有策略的新「高科技」成長產業，有能力，也必須要振興萎靡的歐洲經濟。

和新論述有志一同，許多歐洲國家與歐盟政策制訂者，也都選擇支持生物科技產業。以德國為例，德國政府增加投注生物科技產業的聯邦預算，從七〇年代的四千四百萬，到八〇年代的九千兩百萬，乃至一九九〇年兩億五千六百萬元，其中幾個德國聯邦州，又分別多投資了數百萬元。儘管英國政府在柴契爾夫人執政期間，樂於擁抱新自由主義經濟思想，他們也積極推行並支持生物科技發展，並在八〇年代時，斥資上億元英鎊公共資金，投資生物科技產業研發。法國不僅熱情支持國內生物科技研究，也同意擔任許多生物科技公司的「聯絡官」（*rapporteur*），這是通過歐盟法律認可的必要保證人角色，擔保將特定基改生物引入歐盟。的確，最初將基改生物引入歐盟並上市的十五項核准，有九個由法國政府居中協助，擔任保證人。這點顯示生物科技業界普遍持有的（且最一開始是正確的）觀點，就是法國政府十分認同他們的目標，也很支持生物科技產業發展。英國則是另一個同意在某時期擔任保證人的國家。最後，歐洲議會本身主動積極促進生物科技產業成長，包含為特定研究提供資金，為大學、研究機構與私人部門，提供立法與建設所需的援助，發展施政建議，譬如之前提到的，著重發展智慧財產權相關的歐洲專利條約。

雖然上述國家及一些其他歐洲政府，對生物科技明顯懷有熱情，然而並非所有國家都是如此。譬如丹麥，從很早便開始針對生物科技表示擔憂與質疑。有鑑於此，丹麥於一九八六年通過基因改造限制法案[2]。同樣的，奧地利也對生物科技持保守看法。然而漸漸的，多數國家，特別是科技進步的大國，都加入支持生物科技發展的行列。

生物科技的早期反對：內部的努力

歐洲針對生物科技的反對聲浪，在社會與經濟將生物科技定位成不成文的「有益科技」，及政府部門與產業刺激生物科技發展的文化框架中興起[3]。如第三章中討論的，反生物科技最初的奮鬥，由一群科學家、學者與社會行動份子發起，他們是六〇與七〇年代的一份子。這群人曾參與橫掃多數西歐民主國家的政治浪潮，也對基因改造工程在當今與未來社會秩序中的**象徵**，還有這項新科技對大眾健康、環境與農業的影響，相當關心。這樣的情形在西歐國家特別明顯，因為參與環境、反核與其他「生活品質」相關運動的行動份子，普遍認定基因工程是先進資本主義社會，以科技科學為基礎的現代化弊病。大多數歐洲政府與生物科技產業，都將分子基因學與生物學的進步，解讀成為社會與經濟前進的有力引擎，然而這些社會運動批判，卻將生物科技產業視為對自然、社會與食物系統嚴重的資本主義侵略。所有這些看法，都和基因工程是問題科技的觀點，緊密結合。

在德國製造分歧

綜觀歐洲，第一批，也最為激烈的反生物科技運動發生在德國，由一群中產階級德國女性主義者、批判科學家與環境份子領導。他們關心生物科技的規範涵義（normative implications），以及生物科技本質上的風險。多數開始公開批判生物科技的人，都是新成立的德國綠黨成員，從很早開始，他們就擔任德國（當然，也是歐陸多數國家的）反生物科技運動中心據點。透過一九八三年選入德國聯邦議院（Bundestag）的德國綠黨引領，這些行動份子將反對觀點帶入政策領域，為針對新科技的公眾辯論製造契機。直到那時為止，生物科技都受德國大多數科學單位、產業和政府歡迎。

赫伯特．蓋特韋思（Herbert Gottweis）注意到，德國政治體系因為七〇年代的運動或其他政治事件而開放。這意味著，八〇年代的社會運動比起以往，更能採取面相較廣的政治策略，反生物科技運動就是如此。七〇年代反核及其他社會運動採取的大型示威

2 這條限制法是著名的一九八六年基因科技與環境法案。最開始時，它包含了對基改生物蓄意釋放的嚴格限制，也規定引進國家的基改食品，需要經過政府核可，才可以通行。

3 能寫進書中的有限，因此我們選擇先將重點放在幾個國家的行動主義，率先討論德國和英國，因為我們目前對這兩國的情況最熟悉，也較能取得相關資訊。法國、奧地利等其他國家的行動主義，其實也同樣蓬勃發展。

活動、不合作運動與直接行動等，逐漸以政治和法律途徑取代，造成改變。此一新的動員方式，反映在反生物科技行動份子方面，就是他們開始向德國聯邦議院表達訴求，利用政府聲稱自己會更加開放、透明的承諾，企圖影響國家的生物科技政策。其中之一的具體例子，是聯邦議會設立的調查委員會（enquiry commission），目的是研究一些更為複雜的政治議題，好讓聯邦議院成員，得以準備更仔細的政治建議。一九八四年，德國綠黨與德國社會民主黨（the German Social Democrats），聯手呼籲成立一個調查委員會，專門研究基因工程的機會與風險。聯邦議院同意之後，綠黨便著手召集、資助一群醫務人員、自然與社會科學研究者，以及非營利組織，針對此議題給予建議。

儘管綠黨無法控制這項為期三年的研究結果，他們確實成功使生物科技成為全國的話題。生物科技調查委員會最後的報告，是一共好幾百頁的深度分析，還有超過一百五十面的政治建議。整體而言，結果相當正面[4]。綠黨的批評者，也以一篇篇幅很長的關鍵報告（命名為「特殊投票」），回應委員會與媒體，清楚表達他們對委員會報告的不認同。這份報告提供了生物科技特定的社會與政治解讀，強調現代生物科技對社會造成的威脅，而非勾勒這項新科技的前景。作者舉出好幾項生物科技的反對意見，建議非專家也在決策時扮演重要角色，挑戰純科學立法基礎。的確，報告開頭表示：「面對一項影響深遠的科技，重要的是，我們必須針對科技發展，進行廣泛、公眾且公開的討論，直到大家都認同發展可以繼續為止。」這份關鍵報告更進一步指出，人們根本不該發展這項新科技，除非新科技支持者，有辦法清楚提出這項科技的社會需求。

多數委員會成員都反對綠黨持有的觀點，但他們還是決定將關鍵報告的意見，加入委員會報告中，以免被質疑不顧反對者意見。基因改造工程的批判討論，於焉進入了全國政治範疇。一直以來默默醞釀的反面觀點，也透過關心此議題的環境份子、女性主義者與科學家之間的小型討論，公諸於世。生物科技逐漸受到大眾的注意。

行動份子用以挑戰生物科技在德國接受度的方式，包括了法律行動，與蓋特韋思對德國集體社會運動的策略轉移假設一致。一九八〇年代，環境份子運用法律力量，阻止德國化學公司赫斯特於中部的黑森州（Hessen）設廠製造基因改造胰島素。行動份子在政府全然證實生物科技安全以前，提出法律訴訟，因為設廠可能危及黑森州的民眾，違反政府對人民應負的責任。法庭最後判決行動份子訴訟成功，延緩工廠建立，直到建立恰當的法律，讓生物科技合法。

來自社會各界的壓力，使德國政府採取行動，為基因工程訂立新法。一九九〇年，

4 此調查委員會的資源與工作量十分驚人。這項三年計畫，涵蓋了七個工作團隊，研究生物科技不同領域的應用，諮詢各領域專家意見。委員會共有十八個成員（其中只有一人來自綠黨）、九位全職員工，其中五位是科學家。

第一條德國基因工程法案通過。和調查委員會最後的報告一樣，生物科技批判者，無法充分影響法條設立，限制生物科技發展。然而，他們已經成功對政府施加壓力，使政府同意開放更多大眾參與決策過程。也成功讓更多非生物學家，願意參加中央生物安全委員會（the Central Commission for Biological Safety，德文縮寫是ZKBS），一個執行基因研究的立法機構。ＺＫＢＳ從原先的十二人，包括八位生物學家與來自工業、環境團體與研究組織的四位成員，政府同意再額外加入三位成員，讓生態學家與環境社群也有權利發聲。環境行動份子同時也得到參加兩場公聽會的權利，其一與基改生物蓄意釋放相關，另一場則與基因研究設備的建置與運轉有關。這些規定成為法條之後，生物科技反對者利用它們阻擋實驗研究，挑戰基改生物領域實驗的安全。然而三年後，政府廢除蓄意釋放的公聽會，這項政治開放也隨之畫下句點。

總而言之，儘管八〇年代的反生物科技行動主義，並未在根本上改變德國政府對基因改造工程普遍持有的正面觀點與支持態度，它仍舊對德國政府造成了不小的影響，改變政府對這項科技的觀感與管制政策。最重要的是，行動主義讓這項議題泛政治化，針對科技製造衝突，這是前所未有的現象[5]。如蓋特韋思所述，行動份子製造的「分歧」，主要透過挑戰將生物科技視為絕對有益德國經濟與社會的政府與產業，將焦點放在生物科技產業的風險與危機。行動份子把針對新科技的討論帶入公眾領域，開始影響公眾對生物科技產業的觀感。七〇年代時，大部分德國人對分子生物科技發展所知甚少，這樣的情形在十年內大大改變。在此過程中，德國大眾接收到關於生物科技的資訊，不再像先前那般樂觀。隨著德國和歐洲各國行動份子之間的互動日益增加，德國行動主義逐漸擴散，德國綠黨也將他們的考量與擔憂帶入歐洲議會中，形塑了歐盟委員會新興的生物科技政策。在詳細探討這些跨國連結與超國族政治範疇前，讓我們先來看看英國的生物科技政治。一小群英國當地行動份子，同樣也開始為生物科技議題動員。

「拒喝荷爾蒙牛奶！」：英國牛生長激素抗爭史

就在德國行動份子開始挑戰國內對生物科技的支持聲浪時，儘管情況極為不同，一小群英國食物行動份子、批判科學家與科技觀察者、動物福利行動份子與環境份子等人，也開始針對相同議題動員[6]。綠黨於八〇年代早期在德國聯邦議院的優勢地位，為德國生物科技批判者開闢了一條康莊大道，直通國家政治與政策制訂；反觀英國行動份

5 七〇年代時，主要的生物科技政策論述，指出風險評估最好交由科學家主導，他們也有能力控制這些風險。蓋特韋思在他的著作中表示，八〇年代新政策論述成形，當時行動份子的分歧意見、對立的媒體報導、以及逐漸偏向懷疑新科技的大眾觀感，共同為生物科技產業製造了嚴重的「統治危機」，還有產業的高度不確定性。這種漸增的危機感，促使國家發展新生物科技管理制度，還有新主導論述，讓科學家與業界支持生物科技產業。

子，不論是透過綠黨或其他管道，都缺乏這條捷徑。保守的柴契爾政權所持的相反立場，意味著英國早期的反生物科技行動份子，必須尋求別的方式表達對生物科技產業的不滿，而非將希望放在官方政府上。英國行動份子的機會出現在八〇年代中期，適逢由孟山都公司主導的美國生物科技產業，企圖叩關歐洲市場，將第一份主要農產品銷進歐陸。這份產品就是牛生長激素（bovine somatotropin, bST），如前所述，是一種用以刺激牛隻生產更多牛奶的基因改造生長激素。主導倫敦食品委員會其中一個獨立研究團隊的科學家提姆．朗表示，美國生物科技產業並未將牛生長激素恰如其分地介紹給歐洲，反而給了行動份子，和產業與生物科技首度正面交鋒的機會。

提姆．朗監督生物科技發展多年，認定基因改造工程，是倫敦食品委員會必須特別關注的議題。然而，提姆．朗於一九八四年發展初始策略計畫時，整體產業未臻成熟，不足以讓他的公眾健康與食品安全團隊，針對生物科技領域動員。當時這項產業還很年輕，沒有基改食品上市，政府也尚未為前景看好的新部門制訂法規。一九八六年時，情況有了轉變。一封寄給倫敦食品委員會的牛皮信，改變了提姆．朗的政治盤算。信裡是一批由生物科技公司聯合準備的所有文件，概要點出生物科技產業移師歐洲的策略。文件中將英國定位成歐洲的柔軟腹地，也是牛生長激素可以最輕易引進的地方，更是全歐洲最不會反對牛生長激素的國家。「這實在是太驚人了，」提姆．朗一看到文件內容便驚呼。在他看來，英國消費者最不需要的，就是奶類製品，因為他們每天飲食裡的脂肪含量，已經相當高[7]。

詳讀產業計畫後，提姆．朗聯絡了一些組織，傳遞這項訊息。其中之一是世界農場動物福利協會成員喬伊思．德希娃，她已從美國人道協會（U.S. Humane Society）的麥可．福克斯（Michael Fox），得知美國農業部將以豬隻實驗生長荷爾蒙，德希娃準備好要和基因改造技術抗戰。她對於生物科技產業刻意設計產品，以人工方式刺激乳牛生產更多牛奶的概念，感到震怒。更何況在這樣的過程中，牛隻會遭受許多痛苦，包括可能罹患乳腺炎。於是，提姆．朗便和其他人組成了聯盟，針對議題動員。他們的訴求相當直截了當：盡其所能教育更多人牛生長激素相關知識、說服政府官員牛生長激素對牛隻、消費者與乳製品產業來說，都是不需要且有害的產品，盡力阻止這項科技通過英國

6 這項討論參考了世界農場動物福利協會成員喬伊思・德希娃（Joyce D’Silva）的歷史檔案資料與電話訪談；倫敦城市大學食品政策提姆・朗教授、倫敦大學學院生化與社會流行病學家艾瑞克・布朗聶教授的意見。在此我們也要感謝蘇珊・派斯特（Susan Pastor）提供個人蒐藏的檔案，裡頭有早期英國與美國威斯康辛州反牛生長激素活動的信件資料。

7 提姆・朗認為，倫敦食品委員會對牛生長激素的顧慮主要有三：人體健康、動物福利的影響，還有牛生長激素可能讓著重生產奶類製品的特定農民受益，迫使其他（特別是生產較少乳製品的）農民退出市場。

政府與歐盟認證。

為了達成這些目標，牛生長激素的批評者，採用了幾項策略。提姆．朗與同事建立工作團隊，旨在建議倫敦食品委員會針對生物科技的動員工作，邀請英國消費者組織、農民與勞工團體、環境團體的代表一同參與。他們建立了小型激進綠色組織，以及大型、更「值得尊重的」組織，例如英國婦女協會（Women's Institute），一個長期設立的農民婦女組織聯盟。提姆．朗也諮詢了有生化背景的同事艾瑞克．布朗聶教授，請他進行牛生長激素全面研究調查。布朗聶的調查報告〈牛生長激素：一項尋求市場的產品〉（*Bovine Somatotropin: A Product in Search of a Market*），檢視牛生長激素的科學證據，調查激素對動物福利及人體健康的影響，分析倫敦食品委員會針對這項科技的意見調查。最重要的，也許是這份調查報告，挑戰了產業的論點，宣稱牛生長激素與牛隻乳腺自然生產的荷爾蒙，從生物層面看來是一樣。為了讓他們的批判更加透明，布朗聶和幾名同事一起，於一九九四年在廣為英國人閱讀的《自然》期刊上發表評論。標題是〈剽竊還是大眾健康？〉（*Plagiarism or Public Health?*），這份期刊文章呈現了孟山都公司一些關於牛生長激素的數據，批評該公司因為這些數據所揭示的問題，選擇隱瞞數據，拒絕公開與大眾分享。

透過與倫敦食品委員會和世界農場動物福利協會建立的工作團隊，以及其他一些團體的協助，他們將牛生長激素報告傳遞給媒體大眾、行動份子組織與英國、歐洲議會成員，將產業未透漏的訊息，散播給大眾。他們也直接挑戰生物科技公司，在孟山都為國內公共衛生專家、教育者、農民團體與其他「決策者」所舉辦的會議上，問出相當艱澀的問題。德希娃定期為世界農場動物福利協會新聞報撰稿，告知動物福利團體他們正為反牛生長激素與反生物科技運動努力奮鬥。每篇文章的最後，她提出一系列建議：寫信給議會部長、聯絡歐洲議會（歐盟的行政部門）、打電話給乳製品產業和食品零售業，**告訴他們你根本就不需要這項新科技！**

提姆．朗、德希娃與其他行動份子，一同到比利時布魯塞爾，將關鍵的科學數據以及他們的意見，呈報給歐洲議會的長官和成員。他們在布魯塞爾，與歐洲各地反生物科技行動份子大會師。這群批判者意外與議會關係良好，新成立的歐洲議會，也還在歐洲地區試圖站穩腳步。這些遊行示威與非營利組織提出的科學質疑，使得歐洲議會堅持，在核可牛生長激素之前，還有許多研究尚待完成。

結果是，行動份子的反牛生長激素抗爭太成功了，以至於產業根本無法獲得歐盟認可，將產品在歐陸上市。這些與其他動員抗爭活動的廣泛意義，其實相當不顯著，深藏在表層之下。首先，食品、動物福利、環境與消費者行動份子開始跨界合作，建立未來一起工作時的人際網絡。其次，他們將對牛生長激素的顧慮傳遞給各領域的英國人民時，這些行動份子已然在英國人民心中，種下了反生物科技的種子。他們藉由公開質問簡單、本質上卻是異端的問題，達成目的：這項科技是為了什麼而起？誰能從中受惠？新科技的風險是什麼？社會大眾一定要接受它的理由，又是什麼？

在歐盟的組織與布局

一九八〇年代晚期，行動份子開始在另外兩個項目上奮鬥，目的是要阻止生物科技在歐洲的發展與布局。其中之一是「生命無專利」活動，旨在阻止歐洲議會通過新的、由產業贊助的歐盟指令，以法律保護生物科技新發明。另一項則是專注於推動歐盟的管理政策，企圖確保歐盟針對基因改造工程與生物科技產業，執行嚴格的法規控管。這兩者都由參與了歐盟政策制訂過程的行動份子負責執行。

歐洲專利指令

一九八八年，歐盟委員會提出一項立法案，欲強化歐陸投資生物科技產業公司的智慧財產權[8]。這項法案正式名稱為「歐盟生物科技發明法律保護指令」（the European Directive on the Legal Protection of Biotechnological Inventions），用意在於「協調」歐盟各成員國的專利法案，使之符合美國與日本現存法律保護的標準。當時歐陸的專利保護主要由兩個不同體系支持，兩者皆無歐盟立法基礎[9]。透過在歐盟立法，歐盟委員會企圖向生物科技發明者擔保，他們也得以在歐洲享有確實、有力的智慧財產權保護，而這種保護，在歐陸各國具有同樣效力。有了統一而強健的產權制度，歐洲的生物科技公司，更能與快速發展生物科技產業的各國公司競爭。

即便於一九八八年十月，這項立法草案由官方正式公布前，廣為人知的「生命專利指令」反對者，便已開始動員[10]。該年春天，握有這項指令樣本的國際發展行動聯盟（ICDA），開始教育民眾專利指令可能造成的問題與影響。他們將指令視作從美國最高法院判決〈鑽石對查卡爾巴提〉一案開始，延伸至歐洲的生命專利新潮流的一部分。對他們而言，這項專利指令是某種警示，代表了主要的歐洲專利法案，已擴張應用到更廣泛層面的生物體（包括所有動植物）、生物科技產品製造與資訊上[11]。它將使基因成

8 歐盟委員會乃歐盟行政機構，也是歐盟三大部門中，唯一有權向理事會與議會提出立法建議的機構。原本歐盟議會是歐盟三部門中最弱的機構，但一九九三年簽訂馬斯特里赫特條約（Maastricht Treaty）後，議會權力便大幅增加。

9 包括一九七三年歐洲專利公約（the European Patent Convention），以及各國本身的專利系統。

10 這段資訊主要來自史帝夫・艾瑪特（Steve Emmott）二〇〇一年著作，及本書作者和他的訪談。艾瑪特是一九八〇與九〇年代歐盟議會中綠黨的基因工程政策建議者，也長期參與反對生命專利指令的活動。

為「未來的貨幣」，讓產業得以控制所有供應鏈，從基礎基因物質，乃至利用這些基因與基因序產品，以及帶有此種基因的後代子孫。

一九八八年六月，ＩＣＤＡ在丹麥針對專利指令與普遍的生命專利議題，舉辦工作坊。共有七十位來自十二個歐洲國家、四十個非營利組織的人參與工作坊，其中包括一些綠黨成員。活動即將結束之際，與會者對他們習得的知識感到相當不安，因此決定共同盡最大努力，擊潰這項指令。於是，他們決定舉行「生命無專利」抗議活動，而這項抗爭，在未來十年內持續延燒。

「生命無專利」聯盟，企圖擊潰專利指令，將強大的公眾壓力，施加在議會成員上，動員議會中的綠黨，針對指令草案，提出數個修正案[12]。最後，聯盟最有力的反對，圍繞倫理議題運作，包括專利指令的哲學與道德影響。人類基因物質與醫學治療（生殖細胞系基因療法），也宣稱需要私有產權。行動份子同時也爭論，專利指令將會刺激「生物剽竊」行為，也就是北方世界公司從南方世界取得基因物質，再以專利產品形式，回售給南方世界農民。行動份子認為這種行為，將終結南北方世界知識與資源的自由交換。歷史上，這種自由交換，曾經促進了保健藥品、醫學發現與農業科學等領域的發展。

一九九五年，出自多數國會議員對倫理議題的不安（特別是涉及人類基因物質與生殖細胞系基因療法議題〉，議會以二四〇對一八八票，否決了這項專利指令草案。想當然耳，「生命無專利」聯盟的行動份子，對此結果欣喜若狂。這份喜悅，可從一份由某非營利組織刊出的文章標題看出：〈專利指令胎死腹中〉。然而兩年後，歐洲委員會將修改好的指令重新向歐洲議會提出，申請再度審查。新版本使用強烈語氣，捍衛人類基因療法專利，為種子保育的農民，提供有限制的保護（並非為了商業目的）。議會認為針對專利指令最重要的考量已經解決，於是便通過了指令。綜觀而言，生物科技的支持力量贏了這一盤。行動份子下一波針對歐盟生物科技管理政策的主要抗爭結果，卻不是這麼一回事。在這第二回的抗爭中，結果卻更偏向行動份子的訴求。

11 行動份子、生物科技產業與政策制訂者之間，產生了很大的爭議，關於專利指令的意思，以及它所指出的現存國家與歐洲專利局法案和政策改變的意義。從行動份子角度來看，指令使專利產品、製造與資訊範圍更加廣泛。另一方面，從產業及許多政策制訂者的角度來看，指令只是讓可以註冊專利的產品，受到現存專利法保護，並讓專利法在歐盟國家繼續下去。指令的真實意涵會隨時間更加清楚，它必然給了產業好處，否則產業不會主動支持這項指令。

12 一則消息來源指出，議會針對專利指令，提出四十幾項修正案，其中許多由行動份子構思，並由議會綠黨向議會提出。

歐盟的管理政策

前面提過，大多數一九八〇年代的歐洲政府官員認為，生物科技代表了最具前景的新資訊科技之一，將改變人際互動與社會、經濟運作的方式。生物科技產業實質上產品不多，然而關於基因工程的研究卻已快速進展。新產品上市，不過是時間的問題而已。這個領域因而也力倡相關單位提出正式、前瞻的發展政策。

如席拉．杰瑟諾夫（Sheila Jasanoff）所言，發展生物科技管理政策的主要責任，照理來說，落在歐盟執委會（European Commission Directorates-General）的兩個總署上，歐盟執委會是歐盟主要的決策中心。責任可以在第十二署，也就是科學、研究與發展署，職能涵蓋頒布科學政策。也可以歸到十一署，也就是環境署，職能包括消費者與核能安全。兩者如其名所示，十一署相對歡迎歐洲的環境與消費者團體加入。不論是哪一署，他們的挑戰，都是要在歐盟建立起一套能管理生物科技的政策，使得各成員國，能用以作為協調國內政策的基礎。

雙方角力競逐該由何者負責發展生物科技政策後，環境署終於勝出。於是，便由環境署來為關心生物科技的人，提供關鍵的政治開放條件。反生物科技行動份子很快便抓緊這個機會遊說歐盟，建立能夠檢視製造基改生物獨特過程的管理體系。生物科技產業與許多歐盟政府官員（特別是第三與十二署的成員），強烈希望建立一個基於基改食品、醫藥與其他產品基礎的生物科技管制系統，也就是「產品導向系統」。生物科技反對者與環境相關政府官員，則呼籲建立「流程導向系統」，無論最後的結果如何，都可應用在基改生物上。若使用產品導向系統，當政府認定產品和市場上現有的食品與作物「實質上相同」，基改生物可能就不用受到任何管制。流程導向則使每項基因工程技術的使用，都必須接受新政策的管制[13]。

在討論的過程中，綠黨再度成為行動份子企圖影響政策制訂的主要管道。儘管綠黨成員沒有參與委員會制訂政策最重要的部分——也就是歐體指令90／220號，關於基因改造生物體蓄意釋放的指令——綠黨成員主動對第十一署表達支持之意，強力聲援流程導向管理系統[14]。舉例而言，幾名歐盟議會綠黨首長，扮演反生物科技運動與議會的對話者，而綠黨在布魯塞爾的主要生物科技政策建議者，也和為指令擬草案的人直接溝

13 在美國，產品導向系統於八〇年代大獲全勝。某些非營利組織政策分析者表示，這樣的管制差異，解釋了為何基改生物在美國與歐洲，命運如此大不同。

14 二〇〇一年時，指令90／220號取代為更嚴格的一套規範，也就是指令2001／18號。主要的不同點，在於新指令要求所有基改生物產品，都必須在核可前貼上標籤。另有一項規定，就是成員國必須承擔擔保基改生物「可追蹤」（traceability）的責任。

通。有鑑於指令90／220號的指標性，所有相關黨派都發表了自己的立場，當然也包括第十二署——科學、研究與發展署，他們堅決反對流程導向系統。當大勢已定，環境署的蓄意釋放指令，表達了行動份子的主要考量。基因工程在歐陸核可，就正合環境與消費者團體及其他批判者之意——立法採用流程導向系統，也將成為辨識基改生物／非基改生物的起始點。我們即將在下文提到，歐盟委員會於一九九〇年頒布指令90／220號後，行動份子便有了一連串新的政治機會，阻礙生物科技產業進軍歐陸。

運動新環境：一九九五年後的西歐

八〇年代末，第一批基因改造食品通過管制，前進美國市場。一九八九年，首波通過美國食品與藥物管理局核可的產品是凝乳酶（chymosin），用於製造起士的基改病毒。接著通過美國批准上市的基改產品，便是在歐洲大受阻撓的牛生長激素。一九九六年，英國公司捷利康（Zeneca）成功將基改番茄醬上市，測試這項產品的市場接受度。然而就在九六年底，反生物科技行動份子的活動，越發刺激了消費者對新科技日漸增長的抗拒。明顯看來，整體情況已然改變。

這群新的基改作物，可抗拒特定除草劑毒素，或是帶有具殺蟲劑功效的基因（蘇力菌），或兩種效果兼具。這些商品的代表，是孟山都公司的基因改造黃豆（Roundup Ready soybeans）與蘇力菌玉米，於一九九五年通過美國農業部核准上市，並於一九九六年通過歐盟核可。這些作物不僅製造了一批新產品，美國公司同時也希望，在消費者不知其為基改作物的情況下，將產品上市。相當多種食品是由這兩種產品（黃豆與玉米）製造出來，人們根本不可能在每天的飲食中避免吃進這些東西。

目前而言，也許最適合決定商品是否該上市的人選是班尼·哈爾林，他是代表德國綠黨的前歐洲議會成員，為反生物科技運動奮鬥了十年之久。一九九六年夏天，哈爾林為國際綠色和平組織舉辦一項反毒活動時，接到了一通來自德國高級連鎖超市單傑曼斯（Tengelmann's）執行長的電話。執行長告知哈爾林，一艘滿載基改作物的船隻即將在該年抵達歐洲，他想先知道「綠色和平是否對此有意見。」即使綠色和平當時尚未開始舉辦反基改食品活動，哈爾林堅定表示，綠色和平一定會有意見。掛上電話後，他立刻開始動員反基改食品活動[15]。哈爾林說服綠色和平成員，這是推動反基改生物運動的大好時機，說服綠色和平內部，指派十五個人，全職負責籌辦這些活動。那艘載滿基改作物的船抵達歐洲港口時，綠色和平行動份子早已蓄勢待發。他們以小艦隊包圍船隻，搖

15 哈爾林的一位同事，向我們透露這件事的經過。

旗呼籲禁止進口基改食品。新聞媒體也都在岸邊，拍下活動的過程。

一九九六年至九九年間，反基因改造運動在歐洲氣勢高漲。整體環境與社會氛圍，都對劣質控管的新科技，感到相當恐懼，因而在環境團體、農業團體與公益團體之間，普遍生成了一個共同目標。英國皇家鳥類保護協會（the Royal Society for the Protection of Birds）也加入了反抗活動，深怕若基因工程使植物變得不再美味，或植物種類混雜在一起，重要的鳥類棲地就會消失。法國的環境團體也都加入抗爭，擔心基改生物對環境造成的影響。一群以植物種群生物學家為主的法國科學家也加入了運動，因為九六年歐盟核准抗除草劑基改油菜時，他們認為，自己的科學專業徹底受到忽略。農民團體如英國土壤協會，代表的是有機農民，還有法國農民聯盟，也參與此議題的運動。他們擔憂基改作物將會破壞有機農耕，也擔心這樣的新科技，影響小型農民生計。對法國反全球化團體「課徵金融交易稅以協助公民組織」（ATTAC）而言，基改生物是全球化清楚而負面的示範。綠色和平與歐洲地球之友，都因為幾個關心此議題的團體金援，得以於一九九六年，建立大型跨國反基改食品活動，其中包括了歌德史密斯信託。

行動主義興起，乃因大眾對食品安全的考量，及消費者對此議題的知權。而全歐陸對食品與健康議題的恐懼感，也使得這項議題越顯突出。當然，其中最具代表性的，就是狂牛病與其人類突變種——克雅二氏病（Creutzfeldt-Jakob disease），在英國與其他國家，釀成了動物與人類健康災害的高峰。克雅二氏病在英國造成了特別慘烈的影響，一九九〇年死亡人數高達七百人。法國愛滋病污染的血液檢驗、動物飼料中的戴奧辛檢驗，以及與可口可樂相關的疾病爆發，都在歐洲大幅降低民眾對基改食品的信心。這樣的情況下，不難想像民眾會害怕所有大型食品供應商，也不難理解消費者堅持想知道買的是什麼東西。

一九九五年後的運動策略

新血與新能量注入歐洲反生物科技運動，乃至於基改食品上市的殘酷事實，反映在歐洲反生物科技行動份子上，便是他們將抗爭行動的觸角，伸及他處。反抗運動越是戲劇化地挪用環境與反核行動主義經驗，越是增加了抗爭的象徵意義。一群綠色和平行動份子，潛入九六年在羅馬召開的世界糧食高峰會（World Food Summit），當眾脫光衣服，出示他們身上鮮豔彩繪的反基改生物口號。另一群行動份子則自稱「超級英雄決鬥基因」（Super Heroes against Genetics），占領英國孟山都總部，以披肩、緊身衣、內褲等衣著，妝點抗爭空間。一九九九年初，綠色和平行動份子在英國首相湯尼·布萊爾官邸前，從一輛大卡車上卸下四噸基改黃豆，卡車上的大旗寫著：「湯尼，不要吞下比爾的種子。」[16]

運動成員同時也開始直接行動。他們走入超市，公然將食品標示為基改食品，在植有基改作物的土地邊上，簡單搭建鐵皮屋，吸引過路人注意，甚至摧毀農地裡的基改試驗作物。行動份子在赫赫有名的「生物破壞」行動中，非法將鄰近英國托特尼斯（Totnes）的基改試驗玉米，從農地上連根拔起。英國土壤協會與其他團體一同動員，聲援遭到起訴的抗議者及因為基改試驗而上法庭控告政府的農民。他們聯手透過法律系統與媒體，讓此案件轟動一時。英國綠色和平執行理事、英國土壤協會政策部執行長，同時也曾一度擔任勞工部長的彼得．梅爾切特閣下（Lord Peter Melchett）是運動中最常見的面孔。他因為破壞基改玉米田，遭到逮捕與法律控訴。一九九九年，法國行動份子開始公然破壞基改試驗田，以示反抗。法國農民聯盟領導者若澤．博韋（Jose Bové）與吉爾．呂諾（Gilles Luneau），將這些行動與發生在一七七三年的波士頓傾茶事件相提並論。

行動份子一再揭發未經許可的基改產品，以使大眾更加關注這項政府並未嚴格控管的新科技。舉例來說，一九九六年，澳洲環境份子公開表示，澳洲政府將未經核可的基改番茄上市。另一個著名例子，則是英國安地種子公司，承認基改油菜籽，不小心和從加拿大進口的傳統種子混在一起，行動份子團體因而呼籲銷毀整批遭受汙染的種子，而這些種子已於英國和歐洲行銷兩年之久。他們公開斥責英國食品標準署（British Food

Standards Agency），認為該機構沒有扮演好為大眾把關的角色。

行動份子將這些抗爭活動與新的運動計畫結合，對食品製造業與零售業施加壓力，阻止他們利用並販售基改食品。過程中，他們鎖定產業難以預測的弱點行動，也就是下游消費者。歐洲地球之友、綠色和平與英國婦女環境網（Women's Environmental Netowork），共同組織精心規畫的超市活動，透過消費者，將關心基改生物的聲音，傳遞給超商經營者。有些會採用分飾白臉或黑臉戰術，歐洲地球之友對零售業者使用公眾計分卡（public scarecard），公開讚賞他們認同的公司，同時也公開譴責堅決不肯讓步的公司。簡言之，他們讓零售業者互相競爭，迫使大型連鎖超商拒絕基改食品。這些行動使歐洲超市反對基改食品，最終停止販售。

行動份子為了公開表達對基改生物的反對，積極尋求媒體協助，而媒體通常出於同理，給予他們一些版面宣傳。英國媒體與BBC大幅報導英國鄉間摧毀基改試驗田的行動，以及行動後的法庭訴訟案。一九九六年，法國《解放報》（*Libération*），以〈小心發狂的黃豆！〉頭版報導，將廣大的讀者注意力，拉到這個議題上。丹麥媒體對生物科技議題觀點相當負面，用某一學術研究團隊的話來形容，就是「一項經濟計畫，只圖利

16 「比爾」指當時的美國總統比爾・柯林頓。

生物科技公司，對整體環境、消費者、生態、動物與人類健康，都會造成風險。」對歐洲媒體而言，「科學怪食」（Frankenfoods）一詞，成為基改生物的替換字眼。高媒體接受度對行動份子而言，不啻為一項優勢，因為這讓他們得以在接下來的宣傳與行動中，保持高度活力。此外，大篇幅媒體報導，也讓行動份子得以對政府持續施加壓力，使議題維持政治的關注焦點。

論述的挑戰

反生物科技行動份子最後一項殺手鐧，以論述為主要策略。如第三章中討論到的，反生物科技行動份子與生物科技產業官員的世界觀大不相同，事實上，行動份子也與多數政策制訂者的觀點相異。這樣的世界觀強調了人民民主權，參與影響自身性命的決策，以及隨意信仰科學與科技的潛藏危機。它不認同以功利主義看待大自然（也就是將生命與基因視為「一整組樂高積木」，配合人類需求重新打散、組合），還有生命本身應該隸屬私有財產的觀念。行動份子從此一有利位置看待世界，發展出一套反論述，直接挑戰生物科技支持者的論點。

動員運動其中一項最有力的論述，包含了動植物（包括人類）基因再造的未知健康與環境風險。儘管農業生物科技支持者，宣稱基因改造工程，讓植物和動物繁殖更加準確，行動份子卻大聲挑戰這項宣言，強調科學的不確定，辯論我們對生物其實所知不多，而這些新基因科技，將可能導致連優秀的「科學專家」，也難以預測的健康與環境問題。在一項策略行動中，行動份子將歐陸駭人的狂牛病，與基因工程未知而未解讀的風險連結在一起。其中好幾國政府，都宣稱基因工程「很安全」。除了基因轉殖食品外，行動份子還運用「基因汙染」（genetic pollution/genetic contamination）這樣的字眼，來形容基改生物，強調基因流（gene flow）、生物多樣性流失，與基因改造工程等，本質上是人類難以控制的科技風險。當大眾對環境有強烈的敏銳度，並且相當不信任政府法規系統與生物科技產業時，這些論述便獲得廣大迴響。

行動份子提出的另一項論述，闡述若歐洲接受基改作物，將無可挽回地導致歐洲農業轉型，致使歐洲農業系統與美國農業系統並無二致。行動份子將農業生物科技描繪成大型工業農業的最新趨勢，具有十足潛力，破壞數以千計點綴歐洲鄉間的小型農田。許多和鄉村生活感情深厚的歐洲人，認為這簡直可惡極了。該論述在法國得到特別多共鳴，因為那裡的工匠農業（artisan agriculture）與「風土」（terroir），是人們日常飲食與文化的精髓。

深受法國政府對生物科技的熱情擁戴所擾，行動份子因而也提倡一套批判論述，析論國家對新生物科技發展應盡的監督責任。反基改生物行動份子尖銳批判政府官員一窩蜂支持生物科學與生物科技產業，而非嚴格控管這些新產業。行動份子直陳大眾對食品安全的恐懼，與一九九〇年橫掃歐洲的狂牛症災難，他們質疑政府的政策制訂者，究竟是在保護民眾，還是在當生物科技產業的傀儡。行動份子奮力抨擊政府與歐盟機構，指責它們沒有克盡職責，確保大眾知的權利，為大眾食品安全把關。全歐洲的反生物科技運動，都認為消費者對食物的成分與內容有知的基本權利。這樣的基礎上，消費者也有權選擇自己要吃下什麼食物。這些論述得到廣大的歐洲選民迴響，他們在跨國管制的歐盟成立時，已經覺得沒被賦予應有的選舉權。最後，這樣的論述對歐洲政壇造成了相當大的影響，他們逼迫每個歐洲政府與歐盟，將基改生物貼上標籤，發展能確保民眾「知權」的政策。

文化誤讀與行銷失策

孟山都公司一九九〇年代後期幾項關鍵失策，讓反生物科技行動份子有機可乘，在歐陸激起一股反抗浪潮。孟山都公司很不幸的，擁有幾項歐洲人心目中「醜陋美國佬」的特質：傲慢、文化遲鈍，堅信「自己的方式最好」。第二章中談到企業文化示威活動，孟山都公司像軍人打仗一般直搗歐陸，以文化與政治，輪番周旋於歐洲政府與民眾之間。它同時也錯誤詮釋歐洲一般大眾的意見及其政治意義。也許孟山都判斷錯誤最顯著的例子，就是公司決定將未上標籤的基改作物運到歐洲，即便歐洲生物科技產業，已強烈警告他們千萬不要這麼做。九六年夏天，英國生物科技公司捷利康執行長西蒙・貝斯特（Simon Best）專程飛去美國聖路易斯，與孟山都執行長羅伯特・夏皮洛會晤。此舉旨在給予孟山都建議，應該如何前進歐洲市場。貝斯特以捷利康公司將基改蕃茄醬引進英國超市的經驗，強力建議夏皮洛將孟山都基因改造黃豆全數貼上標籤後再運到歐洲，也建議孟山都提早告知歐洲消費者，新產品即將上市。然而，黃豆收成後，夏皮洛認為自己比這位英國執行長所知更多，於是決定不用提早通知歐洲消費者，也不為基改食品貼上標籤，直接把基改黃豆運到歐洲。夏皮洛的決定讓歐洲反生物科技行動份子震怒，他們將孟山都的行為，解讀成該公司根本不尊重歐洲消費者知的權利，以及選擇消費食物的權利。這同時也反映孟山都並未認清，歐洲消費者對食品安全的敏感程度，早在歐洲先前發生食品與健康災害時，便節節攀升。行動份子於是順理成章，批判孟山都的行為，是公司針對消費者慾望行使的惡意手段。

孟山都公司於一九九八年，決定斥資一百六十萬美金打廣告，「教育」英國大眾生物科技諸多優點，但這同樣也是個錯誤判斷。這項廣告中，公司作出含意深遠的宣言，卻也是行動份子可猛烈批判的宣言，包括宣稱藉由生物科技，可以減輕世界飢餓問題

[17]。舉例而言，讓我們看看孟山都在幾個國內報紙刊登的全頁廣告標題：〈光是擔心未來的世代會餓肚子，無濟於事。食物生物科技，有辦法解決這個問題。〉然而，如英國地球之友湯尼．朱利伯（Tony Juniper）接受英國國家廣播電台訪問時所說：「在英國，人人都知道，貧窮是第三世界最主要的飢餓問題原因；其實食物沒有匱乏。大家都合理地把這些宣言，當成孟山都想打開更大市場的手段，也是得到這些新作物科技投資回報的手段。」不論朱利伯是否正確理解英國大眾對世界飢餓問題真正原因的認知，他確實道出了某種英國大眾普遍持有的觀感，就是孟山都與其他生物科技企業，是為了賺大錢而前進生物科技產業，並非為了利他的理由。如果公司假裝沒有這樣的意圖，反而會造成反效果。

孟山都誤讀歐洲的政治與文化氣候，同樣也導致它錯誤判斷對歐盟官員與個別歐洲政府施加壓力，加速核可基改產品的可能影響。孟山都在歐洲採取積極遊說策略，使其歐洲成員與基改生物立法相關機構與政策制訂者緊密合作。公司管理者也透過美國貿易代表辦公室，公開宣傳他們的想法。當時美國貿易代表辦公室的主管，是孟山都執行長夏皮洛的好朋友——米奇．坎特（Mickey Kantor）。然而，有鑑於生物科技議題日益敏感，這些策略都適得其反。從多數政策制訂者的觀點看來，孟山都的壓力策略不僅惱人，而且沒有認清公司本身在公眾壓力下，欠缺較為機動的空間。

這些行為和政治失算，都讓孟山都成為行動份子絕佳的攻訐目標，也讓他們得以同時攻擊孟山都公司與生物科技。行動份子同時在歐洲消費者間，點燃反美國主義，允許歐洲的反基改運動，將孟山都公司形塑為美國食品霸權代理人、試圖將危險科技塞進人類喉嚨裡的邪惡化身。幾年後，夏皮洛公開承認，孟山都的歐洲市場進攻策略，犯下了重大錯誤。「我們對這項新科技的信心與熱忱眾所皆知，但也被認為高傲或傲慢，這點可以理解。」他在一九九九年一場由綠色和平贊助的會議上公開表示：「我們認為說服大眾很重要，可是忽略了如何傾聽。」

對大眾造成的影響

多半受到行動份子抗爭活動、孟山都公司失策、生物科技議題受到大篇幅媒體報導等原因影響，九六年後，歐洲大眾對基改食品的消費意識，明顯開始高漲。行動份子的論述得到一般民眾廣泛迴響，因此公眾意見開始集體反對基改生物。儘管大部分歐洲人

17 行動份子向英國廣告標準局（the British Advertising Standards Authority, ASA）提出一連串控訴，質疑孟山都廣告宣言的真實性。英國廣告標準局認可了十三項控訴孟山都全版廣告的其中四項，此議題受到媒體大篇幅報導。

在九〇年代早期，對農業生物科技抱持著不可知論，到了九〇年代末，大眾對基改食品的矛盾心理，已替換為普遍的敵意。一九九六至九九年間，希臘、盧森堡、比利時與英國反基改食品的人數，升高了至少百分之二十，葡萄牙、法國與愛爾蘭也上升了不少（見表二）。到了一九九九年為止，只有五分之一的歐洲國家強力支持基改食品，也只有三分之一支持基改作物。問卷調查「若基改食品出了問題，將會是場大災難」，百分之五十七的受訪民眾，勾選了「同意」。

各國中，英國與法國的意見轉變特別顯著。孟山都公司內部的一份研究調查，顯示英國大眾對基改食品的反對意見，從九七年的三十八百分比到九八年的五十一百分比，變得更加負面。九八年夏天，只有百分之十四的英國民眾對基改食品發展感到「高興」，高達百分之九十六的民眾，則希望基改食品能貼上標籤[18]。英國查爾斯王儲於倫敦《每日電訊報》（*Daily Telegraph*）發表的一封公開信，是讓英國大眾反對生物科技的原因之一。查爾斯王儲在信上表明，他個人不會明知是基改食品還吃下肚，也不會選擇讓家人吃基改食品。他寫道：「我認為這種基因改造工程，讓人類僭越了專屬於神，也只屬於神的領地。」

在法國，針對農業生物科技的厭惡，也逐漸蔓延開來。儘管九六年有百分之四十六、少於一半的法國人民反對生物科技，該數據仍於九九年，上升至百分之六十五，總數超過了三分之二法國人口（見表二）。一份由倫敦經濟學院發表的「生物科技樂觀指數」研究指標，也反映出相同的現象。從九六年百分之四十六下降到九九年百分之二十五，法國人對這項新科技的支持度，下降了足足二十一個百分點。

走向市場關閉的道路

歐洲大眾對基改食品逐漸轉變的態度，以及對食品安全的關心，在九〇年代後期，大大增強了行動份子阻止基改食品在歐洲市場流通的力道。如本章開頭所提言，市場關閉的原因，出於兩項相互影響的層面。一是食品零售業者決定不再販售基改食品，二則是歐盟政治策略轉變，最終導致基改作物核可程序喊停。反生物科技行動份子在這兩項過程中，都扮演了至關重要的角色。

歐洲超市與食品加工業顧客流失

如上所述，九五年後，反基改生物運動主要策略之一，包括針對歐洲食品零售業所

18 一九九八年的《經濟學人》（*The Economist*），79-80頁。

舉辦的施壓活動（pressure campaigns）。九八年三月，超市運動開始有了結果。一家特異獨行的冷凍食品公司——「冰島食品」（Iceland Foods），同意撤銷品牌下所有使用基改生物成分的產品。之後一年半裡，歐洲十幾個其他的食品公司，都跟隨冰島食品的腳步，撤銷架上基改生物成分的食品（見表三）。幾乎所有歐陸與不列顛群島上的主要連鎖超市與食品製造商，都加入了行列。冰島食品的創舉，發展出連鎖效應。

幾項因素協助針對消費者的行動主義發展，促使零售業販售無基改生物產品。第一項因素，是農業生物科技食品加工商品鏈的改變。我們在前言中曾經提過，農業生物科技公司不將產品（也就是基因改造種子）直接販售給消費者，而是賣給農民。農民將作物賣給穀倉或處理員，再透過這些管道，將輾好的米賣給食品加工業者。食品加工業者的產品販售給超市、速食產業與餐廳等，最後才到消費者的手上。不如一般的產業輸出，製造各式各樣用途的產品，農業生物科技產業的輸出（基改種子），是為了人類飲食而製造的食品。因此，儘管商品鏈最後的消費者，並非農業生物科技公司的**直接**消費者，行動份子還是可以針對食品商品鏈的上游端，也就是生物科技產業，從來自下游端的消費者角度施加壓力。於是，行動份子讓基改食品惡名昭彰，動員一大群消費者，向零售業與加工業者表達意見與擔憂。

食品零售部門的結構，使零售業運動的影響大幅增加。全歐洲超市部門，都在八〇

表二、歐洲大眾對基改食品的態度轉變

國家	反對人口百分比（一九九六年）	反對人口數百分比（一九九九年）	百分點改變
奧地利	69	70	1
瑞典	58	59	1
丹麥	57	65	8
挪威	56	65	9
希臘	51	81	30
法國	46	65	19
德國	44	51	7
盧森堡	44	70	26
義大利	39	51	12
英國	33	53	20
比利時	28	53	25
葡萄牙	28	45	17
愛爾蘭	27	44	17
芬蘭	23	31	8
荷蘭	22	25	3
西班牙	20	30	10

資料來源：參考Gaskell、Allum、Buaer等人的研究統計資料，二〇〇〇年，表五；一九九六至一九九九年歐盟晴雨計（Eurobarometer）針對生物科技的調查。

與九〇年代，經歷了大規模的成長與集中化，而這些部門，也受到少數幾家大型而具影響力的公司主導。零售業競爭極為激烈，且仰賴公司建立自身品牌價格與品質競爭的能力。在高度具有競爭力的環境下，任何顧客流失，都是嚴重威脅。行動份子開始質疑公司品牌的品質時，也使得超市成為攻擊的絕佳目標。超市因而成為商品鏈中，相當有利卻又脆弱的一環。

食品加工業者與零售業者先發制人拒絕基改生物產品，可歸因於消費者大眾對歐洲食品安全漸增的疑慮，以及業者對顧客食品品質越來越關注這兩項原因。特別是在英國，民眾不僅質疑食品供應是否安全，也質疑自己能否安心信任政府，為食品供應健康與安全把關。畢竟，正是英國政府同意肉品產業將其他動物吃剩的廚餘碾碎餵食牛隻。這些動物當中也包括了生病的牲畜，因而導致恐怖的狂牛病疫情大爆發。科學家將狂牛症病因與這種工業餵養連結在一起，然而英國官方卻堅持要民眾對英國牛肉有信心，因為狂牛症不會從動物傳給人類。幾個月後，科學家發現狂牛病發生變化，開始感染食用英國牛肉的消費者。

如此的氛圍下，整體食品產業變得極為脆弱，因為大眾認為他們販售的食品很不安全。食品零售業與加工業也傾向做出必要努力，挽回消費者信心與信任，因為公司品牌與名譽都危在旦夕。諾華公司格柏嬰兒食品部門董事長與執行長，解釋為何公司決定不再採用基改生物時表示：「我必須聆聽消費者心聲。只要有一項議題出現，或根本只有議題的風聲，就必須要做補償。我們必須提早行動。」該公司研究部門副董事長珍·瑞爾芙（Jan Relford）說得更坦白：「嬰兒的父母相信我們；要是他們不相信我們，我們就沒有生意可做了。」

最後，歐洲食品零售業放棄農業生物科技產業，以及對基改生物的大筆投資，受到他們與產業之間不平等的依賴關係影響，還有美國農業生物科技產業，無法成功說服歐洲食品製造業與零售業者，販售基改食品的結果所影響。孟山都懷著美國中心與極度自信的態度抵達歐陸，即便它依賴歐陸公司販售產品，卻完全沒有事先知會歐洲主要食品製造業者與零售公司。然而這份需要卻不是雙向的，因為歐洲食品零售業者與製造業者，即使不做基改食品的生意，也可以生存得很好。（事實上，九〇年代中期之後，不做基改食品的生意，他們反而可以生存得更好，因為消費者表示，他們不想要基改食品。）美國生物科技產業並未成功說服歐洲零售業者去「消費」科技，是孟山都一項嚴重的錯誤判斷。正如一位行動份子諷刺：「他們還以為自己可以掌控整個情勢呢。」

運用歐洲監管體系

九五年後，歐洲行動份子也利用與歐盟新監管體系結合的政治機會，企圖傷害生物科技產業。欲了解這些機會牽涉的因素，我們首先必須認識將基改生物引介到歐陸的核可過程，以及歐盟體系的某些特性。

基改生物的核可程序包含幾項步驟。首先，為將基改生物上市，公司必須準備完整資料，呈交給歐盟國家其中之一的指定管制機關。在該份資料中，公司必須提供基改生物的詳細風險評估。若主管機關對風險評估結果不滿意，可駁回申請資料，要求更多資料說明，或直接拒絕通過該項基改生物。反之，若主管機關認為這項基改生物不會造成威脅，那麼該主管機關便成為申請者的保證人，將整份資料移送歐盟委員會，正面推薦這項基改生物。歐盟委員會再將資料遞交給其他歐盟會員國，取得核可同意。若於一定時間內，沒有會員國反對這項提案，委員會便再將這份資料呈交由會員國代表組成的歐盟理事會（the European Union Council），以及歐盟議會，投票決定是否通過。若這兩方的「條件多數」（qualified majority），也就是至少三分之二的投票人數，贊成該提案，就表示申請通過，每個會員國也都有義務允許該基改生物在境內販售。若贊成人數未超過三分之二，那麼提案將被送回歐盟委員會的科學委員會重新評估，再決定是否予以通過。整體看來，委員會與政策制訂者傾向通過這項新科技，因為他們不希望阻礙發展中的改變，同時也熱切希望加強各國間的貿易往來。

有鑑於此多階段過程、歐盟政策下可能的科學風險範圍、歐盟理事會與議會（兩者成員皆由民主選舉，且對大眾意見相當敏感）都需要有大多數投票通過申請案，一項新提案很可能在過程中被擋下來。舉例而言，歐體指令90／220號特別指出，新提案必須提出十三項科技數據，其中許多包含了無數的訊息子集。譬如第十一項，要求基改生物的「病理、生態與生理學特質」資訊，包括：

(a) 保護人類健康與環境的現有規定危險分類（classification of hazard）；
(b) 自然生態系統、有性與無性生殖循環裡的世代時間；
(c) 生存資訊，包括季節與組成生存結構的能力，例如：種子、孢子、菌核；
(d) 病原性：傳染性、毒原性、毒性、致敏性、帶菌者、可能帶菌者、宿主範圍，包括非目標生物。可能活化的潛在病毒（前病毒），與寄生其他生物體的能力；
(e) 抗生素耐藥性、抗生素在人體及人體器官預防治療與與治療上的可能使用；
(f) 環境過程參與：主要生產、營養補充、有機體分解、呼吸作用等。

最初幾項提案送抵歐盟委員會、經由歐盟理事會與議會同意後不久，行動份子便覺察到干擾核可程序的無限可能，於是開始與成員國的同盟聯手行動。歐盟成員國如奧地利、丹麥、希臘與盧森堡等國家，都對基改生物持保留態度，設立嚴格的生物科技管制

表三、「非基因改造」歐洲食品加工業者與連鎖超市部分名單

連鎖超市		
一九九八年三月十八日	冰島超市	自家超市不再採用有基改成分的產品
一九九九年二月五日	家樂福	自家超市不再採用有基改成分的產品
一九九九年二月十三日	ASDA	自家超市不再採用有基改成分的產品
一九九九年三月十五日	馬莎百貨	自家超市不再採用有基改成分的產品
一九九九年三月十七日	聖斯伯里	自家超市不再採用有基改成分的產品
一九九九年三月十八日	Co-op	自家超市不再採用有基改成分的產品
一九九九年三月十八日	薇卓絲	自家超市不再採用有基改成分的產品
一九九九年四月二十七日	樂購	自家超市不再採用有基改成分的產品；同時為所有其他的基改產品貼上標籤
食品加工業者		
一九九九年四月二十七日	英國聯合利華	英國推出的產品不再採用基改成分
一九九九年四月二十八日	雀巢	將盡快出清基改產品
一九九九年四月二十九日	吉百利	將盡快出清基改產品
一九九九年五月七日	霍維斯級	不再採用基改玉米與黃豆
一九九九年五月八日	北方食品	將禁止於產品中使用基改生物
一九九九年六月十六日	海茲伍德食品	將於年底前清除冷凍食品中的所有基改產品

資料來源：BBC新聞1998, 1999a; Waugh 1999; Lean 1999a, 1999b; Roberts 1999。

條約。（舉例而言，丹麥於一九八六年通過了限制嚴格的基改生物條約，而奧地利則是第一個在境內禁止基改作物的歐盟成員國。因為他們認為懸而未決的問題，仍有潛在風險。）因此，若有正當理由，這些國家相當樂意基於風險原因，在做出決定前反對一項提案、要求提出額外資訊，或兩者皆是。

行動份子團體如綠色和平與歐洲地球之友，致力協助這些國家當局，減緩基改生物的通過程序。他們協助這些主管機關，取得指出特定基改生物風險的科學研究，介紹能批判公司提供的風險數據的科學家，努力解讀專利法令，並基於可能發生的風險，拒絕基改生物提案。一位行動份子如此描述他們的策略：

〔我們〕有許多知識豐富的行動份子，他們懂得如何解讀規則，然後說：「這沒有太大意義。」並開始利用歐洲體系特定的弱點……。你知道的……當時我們一共有十五個成員國，必須取得所有國家的同意。如果剛好有其中兩三個表示：「嘿，我不是很確定耶。」就是一件很不錯的事。然後行動份子就可以好好利用這個機會。

在我們接下來的討論裡，這位行動份子提供了一些策略為何有效的額外省思：

生物科技產業也不是太聰明。他們申請要通過的東西，還沒有完全發展好，也沒有仔細考慮清楚。他們的申請提案相當籠統，因此很容易就可以去批評。……行動份子要比生物科技公司更早一步。他們〔公司〕覺得一切都會很ＯＫ……只要把申請資料交出去，就沒什麼好擔心的了。因此，當他們發現自己遭受嚴厲批評時，通常有點吃驚。尤其是孟山都公司……被嚴重妖魔化。

歐洲生物科技議題當紅之際，越來越多基改生物申請核可案，需要更多風險相關資料佐證，因而陷入了僵局。直到一九九八年，申請系統全然停頓，沒有一項申請案繼續前進。一部分反映了行動份子有效的反對策略，以及少數否決國家對新科技的關心奏效，但同時也反映了兩種現象：大眾意見轉而反對基改生物，特別是英國、法國與德國等歐盟成員國，輿論壓力迫使他們得對大眾意願更加敏銳。就生物科技議題而言，這代表了尊重大眾意見對基改生物日漸增長的反感。前面提到的行動份子如此表示：

一九九八年……整個系統都停了下來。應該給予意見的管制委員會，持續釋出負面建議。歐盟委員會應該要否決，但他們不曉得該如何行動。於是委員會決定將提案呈交給歐盟議會部長們，由他們來決定，天知道他們也根本不想碰這塊燙手山芋。於是生物科技產業，整個踩下了剎車。

這些情形為生物科技產業的市場製造了不確定性，使產業受到嚴重影響，農民甚至不願意種植已受核可的基改生物。

讓生物科技產業關係越發緊張的，是幾個歐盟國家，決議在指令90／220號第十六條款保護下，單方面禁止特定受核可的基改生物上市。該項條款允許歐盟成員國，暫時限制已由歐盟通過的基改生物，若該國有「正當理由，認為一項生物科技新產品，會對人類健康與環境造成風險。」該國必須事先向歐盟委員會提出行動申請，並證明這個決定是正確的。一九九七年，奧地利、義大利與盧森堡，紛紛向歐盟提出第十六條款，在國內禁止才剛由委員會通過的基改玉米。一九九八年，法國也針對兩種基改油菜籽提出了相同申請。事實上，該條款不僅使各國自歐盟現有條款中解放，也讓他們得以在反抗的氛圍裡，撼動政府權威。

一九九九年，一次非正式的罷工，轉變成針對基改玉米更正式的凍結行動。其中最立即的結果，就是法國與英國政府的立場轉變。儘管法國直到一九九七年為止，都是支持生物科技產業的歐盟國之一，到了這時候，法國政府也開始對這項新科技採取較為謹慎的態度，因為國內來自行動份子、科學家與民眾的呼求聲浪越來越大，這些人都認為，政府對生物科技的風險不夠重視。隨著英國民眾抗議缺乏民主的政策制訂過程，要求食品議題更加透明化，以及更多的民眾參與，英國政府也被迫放棄支持生物科技的堅定立場。這些局勢轉變，在政治上來說，相當具有意義。一九九九年六月，法國在歐盟部長會議期間，要求延緩所有商業基改生物的授權。其他四個國家也支持法國，另外七個國家則發表了聲明，希望更為謹慎對待基改生物。結果是，歐洲關閉了所有新基改生物的市場，整整四年之久。即便二〇〇三年，這項延緩措施解除，還是很少基改作物獲得許可。這反映了歐陸對基改食品與種子產品持續的反對力量。

歐洲行動主義造成的迴響

多虧食物商品鏈全球化，一九九〇年代後期歐洲基改食品關閉市場，影響遠遠超出歐陸範圍。美國農民所感受到的擠壓，最為深刻。一九九九年開始，美國穀倉開始拒絕可疑的基改玉米與黃豆，除非農民能證明這些作物不是基因改造的產品。美國廣為種植基改作物，整體農業系統欠缺將基改與非基改糧食作物區隔開來的能力，致使北方農民與出口商，對於這項改變特別無力抵抗。幾年內，美國農業部門損失上千萬，因為歐洲基改糧食市場關閉。

歐洲市場否定基改生物時，其他國家的政府與民眾，也開始針對這項議題回應。我們將在第六章探討，貧窮國家政府對於採用基改作物的經濟衍生品，非常敏感。對於仍舊高度依賴農業，特別是非洲與部分亞洲地區的國家而言，基改作物與土地汙染導致損失市場，風險相當高。南方國家政府對基改生物的顧慮，因為生態系統脆弱，更多了一層。因此，許多國家都採用法規，阻止基改種子進入自家市場。

許多國家的民眾，特別是菁英階層民眾，也開始質疑歐洲人普遍公開反對的新科技安全。這些民眾的論點是，如果歐洲人認為新科技不安全，那麼其中一定有什麼重要的原因。因此，儘管基改科技沒有造成任何經過證實的負面健康影響，欠缺科學判斷與未來可能引發嚴重後果的擔憂，透過媒體報導與網路，迅速蔓延全世界。歐洲市場轉變和許多因而造成的反應，對生物科技產業的經濟前景，起了巨大的削弱效應（dampening effect）。直到二〇〇〇年，很少人還繼續相信，農業生物科技經濟，將有光明、充滿希望的未來，或生物科技是一項明智的投資。唯一還對這項新科技持開放樂觀態度的國家，就只剩下美國。

第五章

在美國製造的爭議

一百七十個城市，今天開始針對卡夫食品（Kraft Foods）動員消費者行動，華盛頓特區報導——就在今天，美國、加拿大、澳洲等國家，超過一百七十個城市的行動份子，開始了一項動員行動，呼籲卡夫食品，撤銷未經測試與未上標籤的基改產品……。基改食品警示聯盟（the Genetically Engineered Food Alert Coalition），在全國雜貨店發起了示威活動……為引起大眾對基改食品相關健康及環境考量的關注，也為了讓消費大眾明白，卡夫食品的基改產品，未經安全測試，也沒有貼標籤。

——基改食品警示聯盟公開聲明稿，二〇〇二年二月六日

千禧年交替之際，反基改生物行動主義在美國聲勢高漲。二〇〇〇年年中，如我們在前言中提到的，《時代》雜誌一篇報導，指出「一場謹慎策畫的全國消費者運動，強迫基改食品上市前先經安全測試並標示」，「七個組織……開始了基改食品警示行動，斥資百萬、多年來持續對美國國會、食品與藥物管理局和私人企業施壓的行動。」一九九九年秋天，來自行動份子的壓力，讓美國農業局在三個主要城市，舉辦基改生物公聽會。整整一年後，華盛頓的一群行動份子，爆出一項驚人事實——通過核可作為動物飼料的星連基改玉米（Starlink corn），已進入國內糧食供給市場，並透過船運出口他國。夜間新聞播報一則又一則美國市場受污染的墨西哥塔可餅皮，非法出口星連

玉米殘留物。一開始的基改醜聞，演變成讓生物科技產業與美國農業部損失上億美元的災難。美國民眾對基改食品警覺頓時攀升，生物科技產業只得採取防備狀態。這些逐漸成長的市民行動，直接造成一股危機感，正如我們在序言中提及的食品與藥物法律研究機構（the Food and Drug Law Institute）於二〇〇一年召開的會議上，瀰漫的緊張氣氛一般。

然而，由美國星連玉米事件激發出來的擔憂，影響有限。很快檢視一下美國農業現況，就不難發現，反生物科技行動份子在美國的影響並不如歐洲行動份子在歐陸造成的影響大。儘管一九九八年至二〇〇三年間，美國行動主義蓬勃發展，行動份子還是很難將觸角伸及基改作物或食品上，或改變美國政府支持生物科技產業的政策，更遑論大幅減少購買基改生物的消費者數目。二〇〇六年，百分之九十的美國黃豆、百分之八十三的棉花，以及百分之六十的玉米，都是基因改造產品。多虧了無所不在的玉米糖漿、玉米油與棉花籽油，基改生物充斥美國人每日的飲食[1]。若我們以二〇〇八年美國反生物科技運動的高點檢視整個運動，行動份子對產業的影響，的確不是太大。

然而，表象可能會欺騙人。我們將在本章中探討和辯論，美國反生物科技運動，對

1 基改作物的統計數目，參考美國農業部經濟研究部二〇〇二年的資料。

農業生物科技產業與其技術路徑，皆有顯著影響，儘管效果可能不如歐洲行動份子那樣顯著。美國反生物科技運動，對基改生物商業化的影響最鉅。就重組牛生長激素而言，因為行動份子激烈抗爭，重組牛生長激素好幾年都沒有上市。行動份子也間接讓基改馬鈴薯「腰斬」，他們說服美國速食產業，這項產品根本不值得他們冒被行動份子杯葛的風險，讓農業生物科技產業的基改馬鈴薯無處可售。也許最明顯的例子，是反生物科技行動主義，讓孟山都執行長認為公司最好的產品——基改小麥，被束之高閣，即便二〇〇二年時，基改小麥就已準備好要上市了。與歐洲市場閉關息息相關的是，這些行動不僅使生物科技產業花費龐大，也改變了產業對發展新基改產品的風險估算。挪用第二章提到的監管科學家術語來說，行動主義提高了這些公司未來計畫的「支出收益比」（expense-to-revenue ratios），讓生物科技新計畫，不再那麼具有吸引力。

有趣的是，美國行動份子運動帶來的一些影響，在其他國家卻感受最深。美國行動份子在建立管制全球基改生物貿易監管體制時（也就是卡塔赫納生物安全協定），相較於美國政府的大聲反對（請見第六章），扮演了更為關鍵的角色。世界各地的行動份子和美國行動份子緊密合作，支持他們為反生物科技所作的努力。最後，北美行動份子，成為建立全球反農業基改生物批判分析與替代論述的重要貢獻者（見第三章）。簡言之，美國反生物科技行動主義的效力，相較於歐陸國家而言更細緻，蔓延更廣。美國行動主義運動**的確**在國內外，都造成了不小的影響。

本章中，我們將針對美國農業生物科技爭議，從一九七五年開始，談到當今發展。我們將探討，美國行動主義如何自七〇年代晚期，慢慢穩定發展至一九九八年。幾件事情將新資源與動力帶入運動中，催化了本章開頭所提的一波主要行動主義。一九九八年後的五年間，美國反生物科技運動有規律地前進。行動份子採取新策略，同時從幾個不同面向進行，美國生物科技產業於是在二〇〇一年初，表達他們的擔憂，回應行動份子的運動。隨著行動主義日漸茁壯，外國市場開始關閉，生物科技產業也做出了回應。美國生物科技產業決心不再重蹈歐洲的覆轍，於是也群聚起一股力量，一起動員反對國內支持者。美國反生物科技行動主義因為這股來自產業的反動力量，大受減弱。

除了面對來自產業的積極回應，美國反生物科技運動也深受其他環境因素阻撓。其中之一就是美國政府給予產業的強力支持。最顯而易見的，是來自政府的支持，以有利的監管環境取勝，同時得到行政部門對生物科技熱情的公開支持。另一項行動份子面臨的危機，來自美國生技產業與食品商品鏈各部門的緊密連結，特別是農夫及農民商品協會。這種關係同時與社會、經濟、文化相關，也反映這些部門對在農業中應用科學與科技的好處，持有相同觀點。第三項主要障礙，來自美國消費者文化。美國消費者不似歐洲消費者那樣關心食物品質及製造過程，他們更關心食物取得是否方便，價格是否公道，而非食物是否經過基因改造。這使得反基改生物消費者動員行動，在美國很難發生。因此，歐洲行動份子有效利用的策略，在美國卻完全行不通。這些因素，共同限制了反生技運動在美國的效率。

從麻州劍橋到加州：早期反生物科技奮鬥歷程

如我們在第三章中探討，美國對基因改造的社會反彈，幾乎和生物科技歷史一樣久。美國第一次反生技運動，始於一九七〇年代中期，發生在麻省諸塞州劍橋，針對哈佛大學即將興建的重組DNA實驗室開展。儘管反對者最後並未成功讓實驗室停建，他們卻成功將新基改議題，從科學菁英領域帶入一般大眾生活圈。高調公開反對哈佛興建實驗室的過程中，這些學術科學家，清楚表明他們不認為生物科技只是科學穩定向前邁進一步，那麼樂觀簡單的情形而已。他們認為，生物科技會成為爭點與社會運動的目標。

哈佛重組DNA實驗室爭議始自一九七五年，緊隨加州太平洋叢林市（Pacific Grove）舉辦的艾西洛瑪會議（Asilomar conference）展開。超過百位世界頂尖生物學家出席會議，為重組DNA研究機會與風險辯論。柯恩與博耶發現基因剪接技術後，美國科學社群的成員，同意暫緩重組DNA研究，直到更多關於這項新科技潛在風險與危險的討論更加成熟。科學家於是擬定出一份推薦指導方針，他們也相信這份方針，可以確保重組DNA研究安全進行。國立衛生研究院（National Institutes of Health）因而採用這份指導方針，重新啟動研究[2]。

到了此時，許多科學家迫不及待，欲開始自己的基因剪接研究計畫。哈佛協助科學家建立中度風險實驗設備，然而，並非所有科學家都相信，這項研究安全無虞。舉例而言，喬治・沃爾德（George Wald）與露絲・哈柏德（Ruth Hubbard），兩位在哈佛同一系所任教的著名生物學家，便對這項研究保持懷疑態度，儘管他們的系所，以及鄰近的麻省理工學院，都支持設立這間實驗室，他們還是沒有被說服。一九七六年，哈佛繼續興建實驗室，沃爾德、哈柏德，以及「人民科學」組織裡，與他們同樣擔憂計畫後果的朋友與同事，聯手阻止實驗室建成。

他們採取的第一步，是在校園中，舉辦基因改造食品健康風險相關辯論會。他們沒有成功讓實驗室暫停興建，然而這群科學家行動份子也沒有輕易放棄，決心將這項議題公諸於世。於是，他們說服當時的劍橋市長艾爾弗雷德・費路西（Alfred Vellucci, 1915-

2 一九七六年，國立衛生研究院採用艾西洛馬會議建議，以生物風險為基礎，建立重組DNA研究的四級分類系統。

2002），告訴他這項實驗室計畫，將會導致多麼糟糕的影響。費路西向來都不很認同哈佛的菁英主義，因此，他將這項議題在市議會議程中提出，市議會於是同意舉辦公聽會。

公聽會上，議會要求暫緩所有中高風險的重組DNA研究計畫，哈佛暫時無計可施。然而到了最後，反對方還是打了場敗仗。仔細觀察這項爭議的雷．古德（Rae Goodell）指出，哈佛大學與麻省理工學院的行政部門，與科學家、公共關係專家與律師共同策畫，推動研究進行。他們邀請了一些重要人物參與公聽會，「代表哈佛影響市民——讓人們『感受到更多重量。』，一位支持者事後這麼形容。」哈佛與麻省理工學院同時也不斷致電市議會，商請幾位支持研究計畫的諾貝爾獎得主出面支持。一位哈佛教授事後回憶，說道：「我真的很訝異，得知他們握有那麼多資源，可以用來影響整個社群……突然之間，我開始明白這項計畫背後的組織多麼龐大，足以影響大眾觀感。」

最後，劍橋市議會審查委員會，建議實驗室繼續興建。然而附加條件是，過程必須受到監督。一九七七年，劍橋市將這些建議編入法條，成為全美第一個規定重組DNA研究的法條。謝爾頓．克林姆斯基（Sheldon Krimsky）表示，這項法案「象徵在地政府，有權行使控制……針對實驗室設立，以及實驗室的安全條件。」然而事實上，這項法案與爭議真正的意義，在於它強迫此議題公諸於世。哈佛大學成功捍衛了科學家通行無阻做實驗的「權利」，而另一方面，挑戰哈佛實驗室計畫的批判科學家，也確保了實驗室只能在公眾監督下繼續興建。

基改細菌奮鬥過程

若說美國第一波針對生物科技的具體運動，是由精英科學社群開啟，那麼第二波運動，便由具備科學專業知識的在地與全國行動份子聯盟展開。兩項挑戰都發生在加州，也都與第一批基改生物環境測試有關：名為丁香假單胞菌（*Pseudomonas syringae*）的基改細菌。突變的細菌種被稱作「防霜負型細菌」（ice-minus），為了防止植物結霜而進行基因改造的細菌。

一九八二年，兩位加州大學柏克萊分校生物學家，史蒂芬．林多（Steven Lindow）與尼可拉斯．潘諾普羅斯（Nickolas Panopoulos），向國立衛生研究院申請實地測試細菌。他們計畫將防霜負型細菌，噴灑到學校位於奧瑞岡邊界圖雷克（Tulelake）農場裡的馬鈴薯，測試細菌效力。經過一段長時間審查過程後，國立衛生研究院同意兩位科學家的實驗提案，他們於是著手準備試驗。

華盛頓特區反生物科技行動份子傑瑞米．里夫金，長期觀察這些發展。得知聯邦機構通過第一批基改生物實地測試後，里夫金與夥伴立刻對國立衛生研究院與加州大學提出法律訴訟，目的在於適時阻止這些試驗。訴訟首先說明加州大學沒有提供足夠的保險，承擔試驗可能導致傷害的責任成本。其次，國立衛生研究院也並未準備環境影響評估。聯邦地方法院同意里夫金與同伴提出的訴訟，於一九八四年五月，發布禁令，禁止加州大學實地測試繼續進行，並由美國環境保護署（the Environmental Protection Agency, EPA）接手評估這項實驗。

其後兩年裡，圖雷克在地反對聲浪大幅增強。反對者組成名為「圖雷克關注市民」的團體（the Concerned Citizens of Tulelake, CCT），向圖雷克市議會及西斯基尤縣主管委員會（the Siskiyou County Board of Supervisors）施壓，禁止通過這項試驗。在這股混亂局面中，環境保護署決議實驗並未造成環境威脅，於是試驗得以進行。環境保護署的決議激怒了許多在地居民，也讓里夫金成立的經濟潮流基金會，向州法院提出另一項訴訟，訴求是通過環境影響評估前，禁止這項試驗。儘管加州法官曾短暫禁止試驗進行，最後仍舊核准了加州大學研究者，繼續在試驗地上進行試驗。

圖雷克以南七百公尺處，在地居民發起了一項類似的反生物科技運動，旨在反對一家名為「先進基因科學」（Advanced Genetic Sciences, AGS）的生物科技新創公司。就在林多與潘諾普羅斯向聯邦政府申請核准實地試驗之時，這家位於奧克蘭的小型公司，也向蒙特雷縣（Monterey County）提出申請，希望核准他們實地測試一株不同類型的防霜負型細菌。一九八五年，早在美國環境保護署通過加州大學實驗之前，先進基因科學公司的實地測試便已核可通過。里夫金的法律團隊因此再度提出反對訴訟，要求法院強行禁止公司的實驗核准。這些行動份子認為，若能在實地測試階段便先發制人，之後要適時阻止生物科技這顆球越滾越大，就會比較容易些。

一九八六年三月，這項法案的法官，裁決不受理里夫金的訴訟，因為原告沒有充足證據，說服法庭先進基因科學公司的行為違法。直至此時，蒙特雷縣內憂心的民眾，已向縣委員會表達擔憂與顧慮，委員會則以一年內禁止所有實驗進行，作為回應。一九八六年，先進基因公司重新向美國環保署提出申請，在別的縣內進行實地試驗。環保署通過這項申請，五個月後，公司科學家按環保署要求，從頭到腳穿上太空衣，在鄰近加州布蘭伍區（Brentwood, California）草莓田，噴灑防霜負型細菌。媒體也在現場，拍攝這些驚人影像，刊載到全美報章雜誌上。

即使柏克萊大學研究者與先進基因科學公司，最終贏得了這些法律訴訟案，他們的基因改造生物卻從未上市。柏尼斯．夏克特（Bernice Schacter）事後這麼表示：

> 實地測試四年後、經歷十場霜降的結果……顯示防霜負型細菌的確可以存活，減少百分之八十霜雪對植物的傷害。然而，實驗成功並未使得基改防霜負型細菌順利上

市……因為大眾的負面觀感、核可上市過程相當漫長且昂貴，里夫金與經濟潮流基金也將持續提出訴訟。事實上，一九八九年……先進基因科學公司與另一家公司合併。然後，公司認為和里夫金團隊打官司所花的錢，要比防霜負型細菌上市的利潤還高，於是在一九九〇年時，停止了這項研究和試驗計畫[3]。

基本上，反基改行動份子為產業與監管體制製造了相當多爭議、麻煩與花費，最後終於讓計畫喊停。而由行動份子帶來的喧擾，也迫使聯邦政府建立正式的生物科技監管政策。由生物學家訂定的國立衛生研究院指導方針，可能對監管實驗室裡的人身安全有效，然而實驗室之外，衛生研究院沒有任何規範，評估或管制基改生物。如下所述，雷根政權也不希望相對謹慎的美國環境保護署，插手管制這項新科技。

建立監管體系

隨著基因改造科技日新月異，美國雷根政府也被迫針對這項新科技，發展出一套官方管制體系。雷根政權一開始並不願意監管生物科技，因為這完全背離了他們鬆綁管制的政策，以及相對應的政治論述。上任之後，雷根政權便開始了將私營企業自官方繁文縟節中「解放」的有力論述，允許美國公司自由製造產品，在市場上競爭。第二個不願意的原因，來自雷根政權刺激經濟的欲望。一九八〇年代以來，美國經濟成長便開始衰退，產業也因而失去競爭力。有鑑於此，雷根政權不願施行任何可能使新產業成長停滯的措施，特別是可能成為國家未來經濟基礎的新產業。

最後，兩項相互交集的壓力，促使雷根政權終於制訂了官方政策，管制生物科技產業。第一項是一九七六年美國毒性物質管理法（the Toxic Substances Control Act）。法案訂定後，持續在美國環境保護署茁壯，首要負責監管生物科技產業。雷根官方政權認為，環境保護署對生物科技的裁決，很可能是場災難，因為該機構保護環境的使命感，很可能遏止生物科技產業投資與研究，使得這項新生產業停止成長。於是，雷根政權決議發展生物科技產業政策計畫，將環境保護署對產業的控制，移轉到另外兩個合法的管制機構，也就是美國農業部和食品與藥物管理局。相較之下，這兩個機構，都對生物科技產業更加友善。

另一項壓力，來自生物科技產業幾家特定公司。隨著基改新產品陸續推出，公司要

3 事實上，並非所有冰核細菌（ice-nucleating microbe）相關研究都畫下了句點。買下先進基因科學的公司，研發並上市天然丁香假單胞菌，隨後授權給小型生物殺蟲劑公司Ecogen。

求相對應的政府管制政策。一九八六年，孟山都幾名員工造訪白宮，與當時的副總統老布希會晤，親自向他傳達產業對於政府管制的需求。這些產業主管堅信，政府的管制政策可使公司免於負責，更重要的是，這些政策向大眾確保，生物科技是安全產業。想當然耳，孟山都公司樂意至極，為政策擬定過程，提供專業建議。

於是，雷根政權提出了「生技規範整合架構」（the Coordinated Framework for the Regulation of Biotechnology），回應這些來自業界的聲音。由白宮國家科學與技術政策辦公室（Office of Science and Technology Policy, OSTP）頒布。這項整合架構，提議重點不在生物科技應受政府強力規範，而是因為生物科技的經濟與社會意義，這項產業理當受到支持。「生物科技可於短期內促進國家經濟巨大潛力。長期而言，這項產業對社會的貢獻，使我們必須提倡生物科技的進步。」《聯邦官報》（*Federal Register*）於一九八四年首次發布這項宣言。美國政府指出，將於兩方之間尋求平衡：一方面保護人民健康安全，另一方面，則要「確保政策彈性，避免阻礙新興產業成長。」實際上，政策更傾向後者。

政府從一開始便假設，現有法條可適當管制這項新興產業，「生技規範整合架構」將管制生物科技的權利，均分給三個機構：美國食品與藥物管理局、美國環境保護署以及美國農業部。權力畫分的過程中，農業部權限大幅縮減，因為唯有殺蟲劑功效的產品，才需要經過農業部審核。這樣的結果，讓農業部影響力縮小，而農業部是三個機構中，唯一一個傾向謹慎管制生物科技產業的機構。這也使得另外兩個關注促進美國農產業發展的機構，影響力提升，即食品與藥物管理局和環境保護署。這項對農業部權力限制的整合架構，在最後定調時更明顯。生技規範整合架構，嚴格規定生物科技產業以產品為基礎受管制，而非由生產**流程**（也就是基因改造的過程），這項規範的假設，是基因改造生物，和傳統培育的生物體「本質上相同」，因此不需要經過額外監管。對行動份子而言，「生技規範整合架構」阻礙讓他們將基改生物當成**一個類型**的產品來反抗，並將基改生物當成現代生物科技技術生產的所有產品先例，幾乎是不可能的事。未來所有針對基改生物的反抗，都必須從頭開始。

一九九〇年後，老布希上任，更加鬆綁了美國國內對生技產業的管制。布希政權強化了基改生物與非基改產品「本質上相同」的理念，讓那些顧慮基改生物健康與環境影響的人，擔子更重了。一九九二年後，管制只在「新基改生物有不合理風險，也就是額外管制降低風險的價值，要比管制本身花費成本更高」時，才能實施。放寬管制的政策，在美國食品與藥物管理局核可基改食品的新政策裡，最為顯見。新政策宣布，多數基改植物都「大致上安全」，不會在上市前，需要任何特殊的政府核可。一家公司要上市基改生物以前，唯一必須做的事，就是和食品與藥物管理局會面，告知新產品的安全性，以及營養成分和功效[4]。一年後，美國農業部為一些基改作物實地測試，推出簡化的通知程序，實際協助測試進行。事情至此，管制政策的偏心，就很明顯了。多數公司都相當有遠見（同時也規避風險），在企圖將產品上市前，提供大筆資料給相關聯邦管制機構參考。儘管多了這道證明手續，公司卻很放心，因為他們明白，這幾個機構，都不會真正出面禁止產品上市。如果這些機構有任何意圖，那也與公司目標一致：讓手中握有的資料，協助生物科技產業達成目標。九〇年代通過政府核可的基改作物數量（直至一九九九年，已有五十三種之多），清楚說明了政府支持生物科技產業的立場。

簡言之，從雷根到柯林頓政權的每一任總統，都將生物科技產業視為引領美國經濟邁向二十一世紀的產業。他們認為，最好的情況下，生物科技產業將協助美國重拾國際競爭力，讓美國再度坐上科技發展世界領袖的寶座。每任美國總統，都明白自己有責任監督這項急速進展的新科技，沒人想減緩生物科技這輛列車的行進速度。因為美國政府如此偏愛生技產業，反生技運動挑戰美國基改產業時，面臨了巨大的阻力。當然，這項阻礙並未停止行動份子的企圖，利用官方管制體系，限制生物科技產業發展。牛生長激素的奮鬥歷程，為我們提供了一個很好的例子。

牛生長激素奮鬥史

反牛生長激素奮鬥始於一九八六年，時值防霜負型細菌反抗戰役巔峰。儘管乳製品科學家長期以來都明白，透過為牛隻注射添加劑量的激素（牛隻腦垂腺也會分泌這種激素），可刺激牛乳產量，他們同時也知道，天然的生長激素來源有限，不足以供應商業需求。然而，基因改造技術，鬆綁了這種限制。早期八〇年代開始，來自四家大型化學藥品公司的科學家——孟山都、禮來、美國氰胺公司（American Cyanamid）、普強藥廠（Upjohn）——通通開始了主要的研究計畫，製造合成牛生長激素，總共斥資好幾億美元[5]。根據評估，原先的牛生長激素市場價值五億至十億美金，在合成牛生長激素上市後，卻岌岌可危。

孟山都率先獲得美國食品與藥物管理局核准，以“Prosilac”為商品名稱，將合成牛生長激素上市。其它與孟山都競爭的公司紛紛跟進，推出自己的合成激素品牌。儘管食品與藥物管理局，尚未通過任何一家公司的牛生長激素進行商業用途，管理局對這項新

4 若一項食品含有若干種特性，比方說是過敏原，那麼該項食品就不是安全的，就需要經過食品與藥物管理局的審核。

5 這四家公司投資金額從一億美金至八億美金不等，而我們猜測這只是保守估計。

產品的反應，表達了對這項新生物科技產業的支持。藉由實地測試審核這項產品後（測試相當粗淺，資料來源是製造這些合成牛生長激素的公司，或合作公司），食品與藥物管理局的結論是，這項合成激素，對人類或動物都沒有實質上的威脅。於是一九八五年時，管理局核准了混合合成激素與天然牛乳的牛奶，並在大眾不知情的情況下上市。

兩個團體緊密觀察牛生長激素發展。其中之一是里夫金與行動份子的經濟潮流基金會。食品與藥物管理局核可的牛生長激素，讓它成為市場上第一項生物科技產品。因此，對這些反生物科技行動份子而言，牛生長激素是條關鍵底線，或如里夫金形容，是一道「鬧門」，其他生物科技產品會隨之湧流而出。有鑑於核可牛生長激素的意義，里夫金決定傾注所有基金會的力量，與之對抗。

就在同時，一些來自美國東北與中西部傳統畜牧業小型農場的酪農，以及他們的支持者也開始行動。隨著南方與西部大型牛乳產業進入市場，佛蒙特、威斯康辛、明尼蘇達等州，紛紛開始感受到壓迫。孟山都企圖使食品與藥物管理局通過牛生長激素核可的同一年，美國農業部也開始了一項十八億美金的計畫案，付給參與的農民，屠殺超過百萬牛隻，減輕產業經濟壓力。這些酪農認為，一項能夠增加牛乳產量的新科技，只會讓他們面臨的問題更加惡化，因為牛奶價格只會越降越低。正如威斯康辛州農民邁可．坎內爾（Mike Cannell）所言：「我們準備好了嗎？有五千種乳製品，卻只有一千五百隻牛，產出所有我們需要的牛奶？……這個抗爭活動的意義在於，我們希望美國農業和鄉村變成什麼樣子。」一九八六年，坎內爾和其他農民與里夫金合作，組成了一個聯盟，聯手打擊牛生長激素。

一如既往，里夫金針對美國政府的政策程序，開始運動。孟山都與其他公司向食品與藥物管理局申請核可牛生長激素的同時，里夫金也向管理局提出請願，表示農夫若採用牛生長激素，會「傷害環境、為牛隻帶來不必要的痛苦，造成乳製品產業的恐慌。」里夫金要求食品與藥物管理局在核准新產品前，準備環境影響宣言。同樣簽署了這份請願書的，還包括威斯康辛家庭農場防禦基金會（the Wisconsin Family Farm Defense Fund）、美國人道協會與威斯康辛州州務卿拉佛雷特（Doug La Folette）。

其後六年內，里夫金的團體舉辦了幾項反牛生長激素的相關運動，包括一九九〇年反抗美國農業部挪用公款，贊助一項支持牛生長激素的百萬美金公關活動。里夫金同時也著重於商品鏈的消費者端，把一封信傳給許多國內頂尖連鎖超商，請它們向大眾公開超商本身對牛生長激素牛奶的政策方針。里夫金除了告知超商試驗牛所生產的生長激素牛奶，已在消費者不知情的情況下上市，也轉告這些連鎖超商，一位芝加哥大學內科醫師兼醫學教授，尚未發表的論文內容，關於人體食用合成激素的健康風險。出自於對消費者反應的焦慮與在意，包括Safeway、Kroger、Stop and Shop、Pathmark、Supermarkets

General、Vons等超商，以及幾家大型乳製品生產商如Kraft、Border、Dannon在內的發言人，都公開宣稱，絕不會販售或製造合成激素的乳製品。

反對這項新科技的在地小型乳製品農夫、來自家庭農場的反對者、關注此議題的立法者，及替代食品公司，聯手反對牛生長激素。佛蒙特州的班傑利公司（Ben and Jerry's）主動反對牛生長激素，同意付給供應商額外費用，製造非牛生長激素牛奶，並批評牛生長激素可能衝擊州內的小型乳製品產業。該州立法機構也強制通過一項牛生長激素標籤法案（但隨後又宣稱這項法案無效）[6]。明尼蘇達州的食品行動份子，成功使一項禁止牛生長激素的法案通過並實施一年。一個由小型乳製品農夫約翰・金斯曼（John Kinsman）領導的主要基層組織，積極挑戰牛生長激素，長達六年之久。運動過程中，他們透過州內與國內媒體報導，讓許多消費者關注這項新科技。

產業的回應

剛開始時，產業對行動份子的攻擊猝不及防。然而，它很快穩住陣腳，發展出多管齊下的策略，遏止反對運動，捍衛產業製造與上市的權利。打從一開始，產業及產業遊說組織——美國動物健康機構（the Animal Health Institute），便企圖掌控牛生長激素論述。他們選擇不使用像**重組牛生長激素**（recombinant bovine growth hormone）

這麼聳動的字眼，轉而開始採用（並說服他人採用）術語，像是牛生長激素（bovine somatotropin）。此外，產業也嘗試說服受歡迎的意見領袖，如內科醫生與其他健康專家相信牛生長激素對人體和動物健康並無負面影響。舉例來說，光是一九八八年，動物健康機構就發出一萬六千張關於牛生長激素安全的傳單給醫生與健康專家，因為他們認為，這些是公正合理的學者專家。動物健康機構也寄出七千兩百份一共十六面的手冊，給這些專家。孟山都公司乳製品行銷執行長詹姆斯・貝左維克（James Brezovec）解釋：「他們的策略，是將訊息傳遞給消費者會尋求諮詢意見的專家。[7]」

第二項產業策略，是維持和乳製品製造業者及牛乳行銷聯盟的緊密關係，依賴這些組織中的商業與社交關係，獲取他們的支持。這兩個團體，都對新科技的優點有著共同的基礎信念，相信市場就是科技最恰當的仲裁者。因此，說服他們牛生長激素應該上市，由市場而非政府決定命運，不是一件很困難的事。的確，對乳製品產業大多數人而

6 一九九四年二月，食品與藥物管理局針對重組牛生長激素發布暫時法令，允許農夫與店家將非重組牛生長激素牛奶貼標籤。然而，所有選擇貼標籤的農民與商家，必須同時標示「重組牛生長激素與非重組牛生長激素牛乳，無明顯差異」。一九九六年，美國法院判決這項強制標籤法案違法。

7 孟山都的積極宣傳，讓食品與藥物管理局因而有了懲罰這家公司的理由。一九九一年一月，食品與藥物管理局寄給孟山都一封信，表示「孟山都非法於手冊中，針對科學會議、農民與消費者群，宣導生長激素安全且有效。」

言，支持牛生長激素根本不需經過思考：這項新科技有效率製造牛隻生產牛乳所需的營養，經由牛生長激素製造的牛乳與一般牛乳相同，而且，牛生長激素走在乳製品科學尖端。引用一位乳製品經濟學家的話，幾乎整個產業都聯合起來支持這項新科技，原因很簡單，因為「整個產業都對效率著迷……。科學對這項產業來說相當重要，從製造商、加工業者、合作社，到酪農……整個產業從上到下，通通都支持生長激素。」

最後，立法禁止使用、銷售牛生長激素，或要求為牛生長激素產品上標籤時，產業與遊說者積極力勸關鍵立法者反對這項法案，他們和農業委員會會員碰面，並與州立乳製品聯盟合作，打擊這些立法。《聖路易郵訊報》（*St. Louis Post-Dispatch*）訪問威斯康辛州參議員羅素．方谷德（Russell Feingold）時，這位支持幾項反牛生長激素法案的參議員，描述孟山都與其他反標籤法的產業公司，是「威斯康辛州史上最令人感到厭惡的企業進攻。」撰寫訪問文章的記者則表示，方谷德指的是那些「受僱於化學公司的遊說者，向威斯康辛州乳製品經銷商與工廠施壓。」孟山都利用經濟壓力拉攏同一陣線支持者，警告大學他們即將失去研究經費，經銷商若沒有牛生長激素，牛乳價格會高得很離譜，而一旦任何標籤法案通過，乳製品製造商與工廠員工也會跟著失業。將牛生長激素牛乳上標籤，對產業而言是致命一擊，因為這讓消費者得以辨識基改牛乳，選擇不買產品，用金錢抵制生物科技產業。因此，有必要在獲得消費者注意前，就將這項法案踩煞車[8]。

儘管反生物科技行動份子積極進攻、抨擊產業，公司最後還是贏了這場戰役。透過施加政治壓力與成功建立聯盟，生物科技公司幾乎順利擊潰每項限制重組牛生長激素的法案，無論是限制其使用、販售或貼上標籤，讓消費者得以辨識基改乳製品。公司對生物科技論述與如何將科技呈現給美國政府及媒體大眾，具有很大的影響力。一九九三年十一月，食品與藥物管理局終於通過重組牛生長激素，隔年二月，孟山都開始將"Prosilac"販售給美國的乳製品農民。並非所有農民都加入了行列，然而已有夠多的農民購買產品，讓生產重組牛生長激素的公司得以獲利。其後十年中，反對聲音轉弱，重組牛生長激素不再成為爭論焦點。加工業者與超商業者的態度，逐漸轉變為「別問也別說」，默默背離先前「不再製造或販售由試驗牛生產的乳製品」的承諾。消費者同樣也開始對重組牛生長激素感到有信心。國內多數地區的消費者，購買牛乳時往往不考慮它的生產方式與過程。直到十年後，這項議題才又重受關注。

然而，也許比起生物科技產業「大獲全勝」更重要的，是不同團體由這份共同經驗裡所得到的收穫。生物科技產業的重組牛生長激素，成為一九八〇年代晚期全民議題，

8 公司及遊說團體，也運用法庭力量，挑戰欲建立標籤體系的州。佛蒙特州就是很好的例子。

並非因為美國民眾害怕購買新科技製造的食品產物，而是因為一小群環境與動物權極端主義份子，以及少數不滿乳製品產業農民的推動。缺乏來自消費者、針對重組牛生長激素的強力反抗，孟山都與其他公司認為美國消費者不會排斥基因改造於農業上的應用。簡單來說，如果消費者對像牛乳這樣的產品沒有負面反應的話，也就是美國家長大量餵食小孩的乳製品，那麼他們就不會為了基改玉米或黃豆憂心。換言之，生物科技產業從這些經驗，與早先的反生物科技運動，都學到了與反對運動特質相關的一課。像傑瑞米・里夫金和約翰・金斯曼那樣的行動份子相當少數，他們對運動的承諾、決心與策略，使他們成為少數份子。產業受到來自行動份子的警告，很快他們便發現，發展防衛自己的統一戰線及強力的大眾關係機制，多麼重要。

反生物科技行動份子，則從這項經驗中，見識到支持者的力量，還有他們處理事情的手法。行動份子發現這些大型企業，願意盡最大努力保護自己的經濟利益，獲取美國政府農業部門的最大支持。他們也了解到，若沒有明確威脅到大眾健康，要動員美國民眾反生物科技，是件很困難的事。新生物科技對小型農夫造成的負面影響，不足以消滅大眾對這項新科技的信心。行動份子社群也不能完全依賴食品與藥物管理局、美國農業部或環境保護署，介入農業結構議題，抑或是消費者知情權、動物福利等議題。政府已選擇對生物科技採取嚴格的「科學基礎」途徑，意思是除了人體健康的相關議題，都不予討論。這個過程使得政府免受行動份子針對生物科技最猛烈的批判砲火，這些批判聲瞄準了生物科技對社會與經濟的影響，以及生物科技產業欠缺民主的決策過程。

簡言之，牛生長激素戰役讓我們清楚看到，行動份子在美國試圖阻止生物科技發展的艱難處境及挑戰。他們所要面對的，不僅是口袋很深、政治後盾強大、對生物科技具遠大承諾、斥資龐大的產業，更是樂見生物科技產業光明前景的美國政府。更雪上加霜的是，許多美國農民也相當支持生物科技。

參與農民

直到一九九三年底，重組牛生長激素獲得食品與藥物管理局核可時，整體產業已將關注力轉移至發展下一套生物科技應用技術。其中包括了九〇年代暢銷產品——能容忍特定除草劑的基因改造作物，諸如孟山都基因改造黃豆與艾格福（AgrEvo）基改玉米與作物，就是特別為了讓這些作物包容含蘇力菌的天然殺蟲劑，才將它們基因改造。如第二章提及的孟山都前執行長所言，透過投資這些特定作物，孟山都企圖研擬自己的大型研發投資。他們達成了三項目標：產品研發是為了協助農民解決問題、可能具有潛力巨大的市場，以及可能製造長期市場需求。唯一的疑問是，這些產品是否也能達成第四項目標：農民是否認為這些產品，值得他們掏出更多錢來購買？

答案是肯定的。對行動份子而言，讓他們相當苦惱的，是這些基改作物在一九九〇年代中期上市時，美國農民竟然排隊搶購。美國農民對這些基改作物新品種的接受度，比起他們接受其他國內的農業科技產品，都要來得高。

美國農民對基改作物的熱情接受，可能有幾點原因。首先，這些生物科技針對美國農民面臨的農業挑戰發展設計，目的在於提供農民心中認為的好處。根據一項調查，許多採用新科技的農民，認為新基改作物種類，透過減少蟲害問題與降低殺蟲劑開銷，增加他們的農業產量。以基改玉米與棉花為例，生物科技同時也讓他們減少人力開支。相較先前每一季在農田噴灑無數次殺蟲劑，新科技讓他們可以顯著降低殺蟲劑用量。

除了這些實質上的吸引力外，許多農民也因文化因素，選擇採用生物科技。就像世界上許多農民一樣，美國農民對自己的農田外觀引以為傲。他們將所有基改作物以外的植物從田裡拔除，剩下含有包容殺蟲劑的基改作物，如此一來，便有大片大片乾淨無雜草的農地。生物科技作物，同時也讓美國農民對科學與科技，張開歡迎的雙臂。這是一項保證增加農地產量、降低價格，使作物更吸引人的新科技。不僅如此，這項最新科學產品，是由農民用了好幾十年的產品公司推出。

即便美國農民幾乎準備好要接受這項新科技，農業生物科技公司還是不願輕易將新科技的成敗，交由機率決定。將基改種子商業上市前，孟山都做出了策略決議，讓種子經銷商介入，共享他們新基改玉米與黃豆產品的商業利益。孟山都與投資他們的農業經銷商，以及中間種子製造商緊密合作，邀請廠商參與午宴，提供他們販售更多基改種子的經濟誘因。孟山都同時也經常造訪美國中西部農民公司代表，維繫與農民溝通的直接管道。孟山都拉攏農民參與大型實地試驗，給予農民第一手試驗資料，告訴他們新科技如何可能解決蟲害問題，例如中西部嚴重的玉米螟蟲害。一位替農業供給商工作的銷售員表示，孟山都透過知識豐富、訓練有素又討喜的公司內部代表，與農民團體建立緊密關係。即使種子公司將孟山都視為眼中釘，因為孟山都優秀的經銷系統，限制了種子商的利益，孟山都公司在農民眼中仍舊相當有能力、可靠且穩定。公司與農民建立起的有力關係，使農民相信孟山都的產品品質，也願意掏出額外費用購買產品。

反對運動越演越烈（一九九八至二〇〇三）

無懼重組牛生長激素反抗運動失敗，及中西部農民對生物科技產業的正面支持，美國反生物科技行動份子，繼續他們的反基改生物運動。直到一九九〇年底，反抗運動的強度、能量與勢力，都逐漸增加。反生物科技行動主義高漲，反映了幾個現象的結合。

隨著越來越多行動份子加入熟悉反基改議題的非營利組織，許多行動份子便說服組織，針對此議題專心投入心力與時間。這促使更多行動份子及團體加入這項運動。歐洲反生物科技運動的成功，同樣也成為美國行動份子一大動力。美國反生物科技行動份子收到來自歐洲的信件、閱讀來自歐洲的消息，並與歐洲同伴分享他們的運動成果。這樣的往來，為美國行動份子的奮鬥，帶來復甦的希望與能量。

最後一項有助行動主義發展的因素，來自贊助金額的增加。一九九七年，一位對農業生物科技高度批判的基金會執行長，受邀協辦該年於德州休士頓舉行的環境獎助提供者協會（the Association of Environmental Grantmaker's）會議。感受到獨特的政治氛圍，他邀請幾位對基改技術持有批判意見的大學研究型科學家，在會議上針對贊助者演講，講述關於新基因對環境的影響。約莫二十五位贊助者與會聆聽，會後他們受演講內容感召，決定成立生物科技贊助者工作團體。其後三年內，該工作團體與支持工作團體的個別基金會，為了這項議題，挹注將近兩百至三百萬元美金。這使得運動更加有力，得以涵蓋範圍更廣的爭議行動。這項結果，同時也催生了兩個重要的反基改聯盟：大型草根組織——基因改造行動聯盟（Genetic Engineering Action Network, GEAN），以及較菁英取向的基改食品警示聯盟（Genetic Engineering Food Alert, GEFA）[9]。兩者都讓反生物科技行動份子團體更加團結。

隨著新資源與能量流入運動，行動份子不斷擴張行動與戰術。其中之一由這群行動份子打頭陣的策略，是為了基改生物而測試產品。二〇〇〇年秋天，地球之友有鑑於只核准餵食動物而非人類食用的星連玉米事件，將一些主要品牌的塔可餅皮送去測試。測試結果顯示陽性反應，行動份子立即將消息傳給媒體。經由媒體披露，這項發現掀起國內與國際的巨大迴響（我們即將在下文中討論）。

美國綠色和平與基改食品警示聯盟，同樣開始了一連串新活動，給予美國食品製造業者與零售商壓力，公開宣布他們使用基改產品。行動份子團體選定幾家大型食品製造商（如格柏、卡夫、家樂氏等食品公司），呼籲消費者拒絕購買這些公司的產品，直到公司同意不再於早餐麥片及其他加工食品中，使用基改生物。他們同時也針對Safeway、Shaw's、Trader Joe's等超市舉辦活動，希望能讓這些超商不再販售基改食品。如今基改生物在美國食品供應中已相當普遍，歐洲消費者的反彈也廣受新聞媒體報導，行動份子因而希望能在北美製造與歐洲相同的消費者反應。

一次意外的緣分，促使運動內部勢力增長。一九九九年五月，康乃爾大學昆蟲學家

9 基因改造行動聯盟是以一般民眾為基礎的聯盟，成員包括美國兩百位行動份子與行動份子組織；基改食品警示聯盟則由七百個優秀的食品與環境組織組成。

約翰．羅塞（John Losey）與同事在《科學》期刊發表了一篇文章，描述他們一項研究室實驗，發現基改玉米的花粉，殺死了不少帝王斑蝶。羅塞的實驗舉世震驚。全世界的人都喜愛帝王斑蝶，把她當成昆蟲界的「小鹿斑比」，也公認帝王斑蝶是應受保育與保護的物種。而從反生物科技運動角度來看，羅塞的研究，簡直是天上掉下來的禮物。一位行動份子這麼形容：「我的一位同事叫我，然後說：『你絕對不會相信這個消息。他們發現基改玉米的花粉，會殺死帝王斑蝶！』我們說……這真是可怕的新聞，基改花粉會殺死昆蟲，卻又是這麼有魅力的昆蟲，也是大家都知道的一種昆蟲。這實在是我們所聽過最好的消息。」這項消息迴響無遠弗屆。新聞媒體持續報導好幾年，行動份子幾乎在每一場反生物科技運動中，都以帝王斑蝶為象徵。即使生物科技產業嚴苛批評羅塞的研究方法，整個故事彷彿有了自己的生命，強調反抗運動的主要焦點：與基改生物相關的潛在環境威脅。上述行動份子解釋：「科學研究方法究竟嚴不嚴謹、正不正確，其實沒那麼重要。這項新消息讓大眾與媒體，對於基改食品的嚴重影響，有了粗潛概念。真的是頭一遭，大家可以把生物科技和個人經驗與感受作連結……。生物科技的威脅和危害，第一次有了活生生的例子。」

運動的得與失

多虧媒體大幅報導像羅塞這樣的研究，反生物科技運動有了明顯收穫。舉例來說，一九九九年六月三十日，《華爾街日報》在首頁刊登了一篇美國綠色和平的相關報導。綠色和平組織擔心格柏公司生產的嬰兒食品含有基改成分，而格柏的瑞士母公司諾華，已將基改生物列為拒絕往來戶。諾華公司顧慮到這項議題可能會有很強的後座力，立即對外宣布格柏公司也禁用基改食品。幾乎就在同時，麥當勞與其他幾間速食連鎖店，也開始擔心消費者對基改食品的接受度，因為消費者回應了行動份子向食品供應商表示拒買基改薯條的行動。有鑑於這些運動結果，孟山都於是決定將新基改馬鈴薯產品（名為NewLeaf）下架，關閉在緬因州班戈城的研究工廠。二〇〇〇年一月，大型零食製造商菲多利（Frito-Lay）相當憂慮因為行動份子壓力而導致的市場不確定，因而拒用基改玉米製造零食。

接踵而來的，是星連玉米未經認可便於國內塔可餅供應商中流通，使得農業生技產業的名聲更糟。隨著星連玉米事件爆發，食品製造商被迫回銷將近三百項產品，而美國與其他國家的玉米貿易，也受到嚴重影響，安內特農業科技公司（Aventis Crop Science）——讓基改玉米進入人類食品鏈的供應商——因這項疏忽而遭到多項起訴。星連玉米事件五個月後，美國農業部決議花費高達兩億美金，向農民與種子公司，買回剩下的基改玉米。儘管生物科技產業與布希政權，都傾全力解決危機、挽回局面，星連玉米事件造成的影響，在事件經過許久之後，都還存在。最後，這場災難總共讓產業與美國政府花費上億美元，並讓美國農業出口的安全，成為一大疑慮[10]。

然而，行動份子針對美國超商與食品製造業者的反動運動，卻明顯受到了限制。儘管行動份子成功說服以加州為本營的連鎖超商Trader Joe's不再販售基改食品，針對美國其他公司的反抗運動，卻都失敗了。家樂氏很輕易地，便不再理睬針對基改玉米製造早餐麥片的反對聲浪。卡夫食品成為行動份子攻擊對象時，完全不考慮改變公司內部的基改政策。行動份子也從來不曾成功說服Safeway與Shaw's兩家超商，停止販售基改食品。

行動份子針對美國連鎖超市與食品製造業者的反抗活動，因為幾項因素，難以成功達成目標。最重要的，是讓消費者難以動員的美國食品文化——他們的喜好深深影響了超市經理的決定。直到近年來，美國食品文化關注的都不是食品品質，包括食物本身是否經過基因改造，而是食品價格與方便性。整體而言，美國消費者對基改食品所知甚少。沒有任何食安問題或管制災害發生時，他們就覺得沒有必要未雨綢繆。這也是為什麼行動份子試圖說服美國消費者，要讓他們相信基改食品不安全、又未經測試時，完全無法吸引大眾注意力的原因。只有很少數的消費者，向超市經理或製造商，表達他們對這項新農業科技的不信任。

美國人普遍信任國內食品管制機構，造成了美國消費者對基改食品漠不關心。的確，二〇〇一年一項由皮尤慈善基金會（Pew Foundation）贊助的全國調查，顯示百分之四十一的美國消費者，「十分」相信由美國食品與藥物管理局提供的基改食品資訊，其他百分之四十四的消費者，則「有一點」相信。只有百分之八的民眾，表示他們「根本不相信」食品與藥物管理局[11]。這種信賴感，讓行動份子很難讓大眾覺得基改生物很危險，不應該出現在消費者的飲食中。

消費者運動失敗，同時也反映了美國超商產業的結構與文化特性。美國共有兩萬四千六百多家超商，分布在六個地區市場，行動份子因而認為，要使運動影響觸及每家商店，是不可能的事。而且，相較於多數歐洲超市，美國超商產業建立自家品牌時，採

10 最後，安內特農業科技公司光是付給愛荷華州農民的賠償金額，就超過了一千萬美元。二〇〇二年三月，美國聯邦法官裁定一項由消費者提起的集體訴訟案，抱怨星連玉米造成的過敏反應，法官裁定消費者獲賠九百萬美金。

11 這份調查結果相當有意思。受訪者共有十三個選擇，多數消費者表示食品與藥物管理局是他們「最相信」的基改相關消息來源。消費者第二相信的，則是「朋友與家人」（百分之三十七認為他們「非常值得信賴」），其次是農民（百分之三十四）、美國環境保護署及「科學家與學者」（各百分之三十三）。環境團體與消費者團體則各有百分之二十三與百分之二十一的支持者。

取了「低價」而非「高品質」的策略。美國超市品牌，因此吸引了主要考量為商品價格、而非食品品質的消費者。這讓行動份子在歐洲採取的成功戰術，在美國卻一丁點兒也不管用。歐洲行動份子，在高品質超市品牌與非基改產品間，建立起了堅強的聯盟關係。

美國行動份子的最後一項障礙，來自美國超市與食品加工產業文化，兩者都傾向於接受基改食品的特性。這種特質來自於食品鏈的緊密關係，以及食品產業科學發展對生產者和消費者都有好處的普遍信念。美國食品加工協會（the Grocery Manufacturers Association，大型產業遊說團體）一位主管，於二〇〇〇年三月二十八日召開的加州參議院農業委員會（the California Senate Agriculture Committee）開會前表示：

> 美國食品產業很希望保有優良的食品生產與分配記錄……能有安全、完整又營養，豐富且價格可負擔的食品供給。達成這項目標的原因，不僅因為兌現了食品安全的基本承諾……也因為科學與科技的進步。藉由結合這些新發現與安全承諾和品管科技，美國食品公司持續製造新的、更好、更安全的食品。**美國食品加工協會相信，現代生物科技領先所有科技進步，將成功使食品產業在美國與全世界為消費者生產、上市這些基改食品。**

超商與食品製造業者擁有共同的世界觀，使他們自然而然接受了生物科技產業。

大力反擊

世紀交替之際，歐洲生物科技產業市場關閉、亞洲反基改運動如火如荼進行，加上美國迎頭趕上的行動主義，整體農業生物科技產業，都面臨了相當大的壓力。即便將近二十年來的基因工程投資終於兌現，產業也飽受來自四面八方的抨擊。諾華種子公司執行長艾德華・雄西（Edward Shonsey）於一九九九年十一月向《紐約時報》一位記者表示：「行動份子做得太過火了。他們跨過了界線，現在是我們保護並捍衛產業的時候了。」這種情況下，七家全球最大的農業生物科技公司，都同意先將公司之間的競爭擺在一邊，聯手捍衛產業，確保生物科技產業得以繼續生存。他們建立「生物科技資訊委員會」（the Council for Biotechnology Information, CBI），目的在於對抗反對聲音，重拾消費者對生物科技的信心。他們為委員會砸下一年約三千至五千萬美元的資金，聘僱美國嘉吉公司公共事務副總經理琳達・使恩（Linda Thrane）擔任委員會主要執行長。使恩擁有二十五年策略溝通資歷，非常適合代表委員會，說服美國大眾農業生物科技的好處多多。

新成立的生物科技資訊委員會，舉辦了一項大型公關活動，內容完全根據愛德華．雄西認為他們應該做的事，也就是盡力保護並捍衛生物科技產業。生物科技資訊委員會聘僱一家全球公司，現為萬博宣偉國際公關公司（BSMG Wordwide），擔任委員會廣告代理商，在主要電視台與平面媒體上，為生物科技打一系列廣告。委員會也針對大眾與意見領袖作追蹤調查，企圖了解美國民眾認為他們「知道，並且需要知道」的農業生物科技訊息。委員會的新網站（whybiotech.com）也提供相關說明及其他資訊，媒體和有興趣的人，可輕易取得這些訊息。一次訪問中，使恩解釋她宣傳生物科技的策略：試圖「說服守門員」，也就是「有兩三個小孩，基本上負責為家庭飲食把關的婦女」，並「將資訊傳遞給還沒拿定主意的人，讓他們真心認為，生物科技真的有好處。」委員會總部設在華盛頓，辦公室和美國生技產業協會（the Biotechnology Industry Organization, BIO）位於同一棟建築物。BIO協會有強勁的政治遊說力量，七家公司參與此協會[12]。

整體生物產業以不同方式反擊。一九八〇年代起，美國生物科技產業與食品製造聯盟用力遊說，成功說服基改生物監管體制，轉而強調基改與非基改產品之間的相同點（或「實質等效」，substantial equivalence），而非兩者間的差異。他們宣稱，這種策略讓基改食品標籤作業變得不再必要且代價高昂，美國政府則同意這點看法。二〇〇二年，行動份子的策略開始變得更為複雜，因為針對聯邦標籤政策的運動告一段落，行動份子便將重心轉移到說服**各州**政府採取標籤政策。就在同年，一群奧瑞岡行動份子將一項修正案提出投票（Measure 27），要求所有奧瑞岡州內販售的基改食品強制貼標籤，堅決表示奧瑞岡州民，有權得知他們吃下什麼食物。

生物科技產業也迅速回應了行動份子的舉動。他們警覺到，基改產品若是貼上標籤，消費者就可以辨識、選擇不買產品，於是產業便成立聯盟，成員有孟山都、杜邦、通用磨坊（General Mills）、亨氏公司（H.J. Heinz），以及其他食品公司，聯手起來反擊這項法案。聯盟一共挹注五百五十萬美金，為遊說活動密集打廣告，在選舉前數週，強力放送一則電視廣告，裡頭包括被官僚繁文縟節淹沒的雜貨商、對未來恐懼的農夫，以及向觀眾確保基改食品安全的醫生。聯盟也動員奧瑞岡政府與食品與藥物管理局的支持力量，警告大眾，為食品貼標籤是違法的，因為這違反州際貿易規則。多虧了這些集合力量，產業即時保護了自身利益。投票結果，反對基改食品貼標籤大獲全勝。

12 二〇〇二年，生技產業協會預算約有三千萬美金，聘僱了七十位員工，代表上千家醫藥、農業等產業的生技公司。

基改小麥之戰

在這些反生物科技運動中，美國反生物科技運動與一群中西部農民，針對產業掀起了又一波挑戰。這次運動，目的是要阻止孟山都公司將硬紅春麥（hard red spring wheat）基因改造，使之可容忍公司銷售量最好的除草劑年年春。一九九九至二〇〇〇年生長季時，美國小麥種植面積高達六千三百萬公頃，是全國產值第三的商品作物，也是生技產業下一個票房保證產品。美國農民對基改小麥上市相當興奮，反應熱烈，如基改黃豆與油菜上市時一般。

孟山都官員於二〇〇〇年時，首度接到強烈警告，若公司企圖將基改小麥上市，很可能會導致嚴重後果[13]。兩位北達科他立法者，在一群關注生技產業發展的小麥農夫與反基改行動份子要求下，亦於該年提出一項延緩基改小麥在美國上市兩年的法案。支持聯邦法案1338條的眾議院代表菲利浦·穆勒（Phillip Mueller）表示，對像北達科他這樣高度依賴小麥的州而言，所有證據都明顯指出，全球市場都不接受基改作物時，種植基改麥子的風險就太高。若說星連玉米事件讓美國農民得到任何教訓，那就是走在市場前頭是危險的事。穆勒表示：「很簡單，我們已經失去了潛在市場。我們不需要其他任何藉口，市場景氣不能再更糟了。」多數眾議院成員都同意他的看法。出乎意料，聯邦法案1338條毫無爭議，順利以六十八對二十九票通過，移交參議院。

法案抵達參議院時，北達科他州眾議院通過1338法案的消息，早已越過北美中西部大平原，來到孟山都總部所在地聖路易斯州，投下震撼彈。他們發現北達科他立法可能破壞公司原先的商業計畫，於是派遣官員，馬不停蹄遠赴北達科他州，說服該州參議員與市民，讓他們相信通過這項法案是天大的錯誤，也可能讓該州損失小麥研究支持計畫的經費。「要是這項法案通過，」孟山都產業經理麥可・多恩（Michael Doane）於一次在聖路易斯舉辦、多人與會的會議上說：「我就無法繼續要求〔孟山都〕贊助……北達科他州研發生技小麥所需的研究經費。」多虧該州具有影響力的參議院農業委員會主席泰瑞・望澤克（Terry Wanzek）協助，這項法案即時成為不具法律約束力的臨時決議案[14]。

原先法案可能受孟山都公司從中阻撓而暫緩，然而農民對生技小麥的抗拒，卻沒有因此喊停。儘管1338法案由兩位對法案有共鳴的眾議員正式帶入議院，這項法案的主要

13 接下來的討論參考生技產業議題媒體報導，一則反基改小麥運動籌辦人的專訪（訪問於二〇〇七年六月十八日舉行），以及由蒙他拿州西方組織資源委員會前主要會員丹尼斯・歐爾森（Dennis Olson）的書中一章。

14 歐爾森於書中寫到，孟山都與聯盟開始大型遊說行動，好讓這項法案在參議院胎死腹中。望澤克是孟山都網站「植物生技的對話」（Conversations about Plant Biotechnology）中「生技產業好處」項目下的其中一位講者。

支持者，也就是一群來自北達科他與蒙他拿州的農民，因為擔憂基改小麥對作物生存能力的威脅而加入抗爭。有機小麥農民最擔心，他們知道若種子庫存受基改生物污染，消費者就會拒買，而他們的有機市場與生計，會在一夕之間化為烏有。農民與達科他資源委員會（Dakota Resource Council）、西方組織資源委員會（the Western Organization of Resource Councils, WORC）與一些在地永續農業團體合作，開始動員在地、州與地區反對勢力[15]。二〇〇一年，西方組織資源委員會於辦公室所在地蒙他拿州南部比林斯市（Billings）舉辦高峰會議，讓這些團體與國內反生物科技團體，及同樣因基改小麥動員的加拿大行動份子，相互交流。他們共同擬出一份策略，挑戰生物科技產業巨擘。在地行動份子負責草根組織、國內團體負責拉攏更多支持，而加拿大行動份子，則將於加拿大地區對抗孟山都公司將基改小麥引入。其後四年，這些團體由在地組織帶頭，同心協力打擊生技產業。

這些團體採取的組織策略，具有幾項互補特性。其中之一，是讓農民明白基改小麥對出口市場造成的巨大威脅。這些農民（而非孟山都公司），會是最後留下來拿著一大袋（或更準確的說，一蒲氏耳）美國主要出口國（如歐洲與日本）拒絕購買的基改小麥。為了讓論點更具說服力，這些行動份子團體發布消息，表示一個反生技小麥團體，已蒐集不同國家對於基改小麥強烈的反對意見。西方組織資源委員會，也委託一位愛荷華州立大學經濟學教授羅伯特．威斯聶爾（Robert Wisner），研究基改小麥對小麥出口與價格的衝擊。威斯聶爾的研究顯示，若基改小麥在未來二至六年內上市，美國的小麥農夫將面臨主要國際市占率下降與價格下跌[16]。西方組織資源委員會在新聞稿上發表這些研究成果，同時也成為他們動員並組織農民的重要工具。

食品安全中心是國內反基改小麥聯盟的團體之一，他們向美國農業部提出請願，請求農業部鬆綁基改小麥的管制前，執行環境影響評估報告。這份請願書要求農業部指出「若通過孟山都基改小麥，可能導致的潛在社會經濟、農業經濟與環境影響……並發展出減輕基改小麥不利影響的方式。」食品安全中心以威斯聶爾的研究報告作為請願佐證，邀請數位北達科他與蒙他拿州的麥農，擔任起訴人。

來自中西部大平原地區的行動份子團體，在立法行動上也不落人後。二〇〇三年，他們將法案引介到蒙他拿、北達科他、堪薩斯與南達科他等州議會中，因為這些州議會有辦法阻止基改小麥上市。舉例而言，根據蒙他拿州第409眾院法案（HB409），也就

15 和中西部大平原各州情形一致，達科他資源委員會最初於七〇年代成形，由這些農村地區農民與居民組成，共同對抗露天採礦造成的環境破壞。

16 威斯聶爾的研究報告估計，硬紅春麥海外市場損失大約三十至五十百分比，杜蘭小麥（durum wheat）的損失則更高。

是蒙他拿小麥保護與促進法案（the Montana Wheat Protection and Promotion Act），基改小麥上市前，必須要獲得蒙他拿州農業部的核可証明。若要基改小麥通過核可，一家公司必須證明該州會因產品上市，得到淨經濟利益，公司將負擔所有與市場或環境問題相關的財務責任，公司整體也已準備好，確保大眾得以參與決策。儘管這些州的法案最後幾乎都沒通過，它們的存在本身，便已掀起了對基改小麥的強烈反抗。加拿大行動份子的集體力量也起了相同效果，他們集結一大群不同背景的人組成聯盟團體[17]，共同反對基改小麥進口加拿大。

起初，孟山都的反擊策略是，企圖將許多相關團體拉攏到同一陣線，越多越好。孟山都在某次行動中，與美國的同盟夥伴碰面，包括美國麥農協會（the National Association of Wheat Growers）、立法者與生產者團體等，在加拿大與農民組織共組顧問團隊，向大眾宣導基改小麥的好處。他們同時也與春天小麥烘培師（Spring Wheat Bakers）簽訂協議，這是一個有兩千八百位社員的農民合作社，旨在創造理論上可在市場中分辨基改與非基改作物的「辨識保存」系統。二〇〇三年初，為安慰農產業的恐慌，孟山都公開表示直到消費者與農民都不再有強烈反對意見為止，公司都不會將基改小麥上市。然而，二〇〇四年五月十日，孟山都卻突然改變作風，宣布延後將基改小麥供給農民的計畫。孟山都新聞聲明指出，公司「將研究與發展投資重新組合，加速發展玉米、棉花與油籽的新特質……。這項決議在孟山都全面評估公司研究投資先後順序，並針對小麥消費者廣泛諮詢後達成。」總之，公司決定取消這項投資。

理解孟山都的決策

孟山都這項代價無比高昂且艱難的決定，也就是不再販售基改小麥，無疑來自美國與加拿大反基改份子對公司施加的壓力，加上農民普遍不願承受失去國外小麥市場的風險。然而，來自行動份子的壓力與農民反抗，並非唯二原因。孟山都前進歐洲遭遇的巨大打擊、多數產品上市花費比預期多出許多的時間，以及一九九〇年代種子公司併購熱潮時，公司欠下的大筆債款，都為公司製造了龐大的經濟壓力[18]。

孟山都股價於一九九九年時下跌一半，反映了上述這些經濟創傷。同一年，孟山都被迫與法瑪西亞——普強公司（Pharmacia&Upjohn）合併。這家大型藥廠合併孟山都公司的動機是取得希樂葆（Celebrex）專利，孟山都旗下希爾藥廠（Searle）研製的有名止

17 此聯盟團體的組織，背景相當多元。

18 值得注意的是，這些壓力之中的前兩名，部分可追溯到行動主義。

痛劑。法瑪西亞對這項併購的農業層面不感興趣，將之視為一項財務責任，於是把孟山都分屬為獨自的農業公司，將百分之二十的股份售出。孟山都當時的執行長夏皮洛被請下台，一位在孟山都工作二十四年的資深員工漢德利克．韋菲禮（Hendrik Verfaillie），受聘負責搶救公司業務。接下來的數年，孟山都財務狀況都相當吃緊，他們發現自己面臨孤注一擲的命運。二〇〇二年，公司損失十七億美金，到了二〇〇三年初，公司股價從二〇〇一年中超過十八塊一張，掉到剩下一張不到八塊。二〇〇二年，法瑪西亞將孟山都完全脫手，公司的農業生物科技部分被獨立出來，沒有其他藥廠的深口袋可以掏了[19]。新執行長修．葛蘭特（Hugh Grant）取代了韋菲禮，試圖以小型團體經營策略搶救岌岌可危的公司，並以減少孟山都研發優先順序，加速搶救過程。這樣的脈絡下，葛蘭特決定於二〇〇四年暫緩基改小麥投資與其他幾家公司的研究計畫，專注投資孟山都已成功研發的作物（玉米、黃豆、棉花與油菜籽等）。孟山都不再追求發展「注定成為餐桌上食物」的基改作物，一位產業觀察者這麼形容，而將焦點轉移到發展農業經濟的種子，製造如動物飼料、乙醇、玉米糖漿等產品。這個決定有了回饋，公司景氣終於開始復甦。二〇〇五年孟山都開始穩住陣腳，直到二〇〇八年中期，孟山都股價漲到了一百多塊美金[20]。

運動造成的影響

葛蘭特帶領下，孟山都公司放棄基改小麥，投資市場已經接受的基改作物。這項決定讓孟山都自瀕危邊緣重生，減少了反對聲浪。孟山都退出部分基改糧食作物市場的決定，使反生物科技行動主義的贊助銳減。隨著經費減少與美國農民大量採用「第一代」生技作物[21]，美國本土反生技運動萎靡不振。到了二〇〇四年，一度蓬勃發展的行動主義嘎然而止。其中一些行動主義份子，仍舊對生技議題保持關心，其他許多行動份子，則將注意力轉移到其他議題上。美國反生技行動主義開始後三十年左右，到了二〇一〇年，還剩下來的，是一些國內團體與少數草根組織。持續在生計議題領域中活躍的國內團體，包括食品安全中心，三十年來鍥而不捨針對農業生物科技議題，提出法律層面的挑戰。還有「負責任遺傳學委員會」（the Council for Responsible Genetics），也從一開

19 法瑪西亞保有了孟山都公司的農業化學部門。然而，年年春從孟山都公司專利品牌行列脫隊後，孟山都已然失去領先農業化學計畫的穩固經濟來源。

20 本書撰寫至此時（二〇〇九年七月中），孟山都股價已跌至七十五元美金。

21 這邊所指的**第一代**，是耐除草劑基改作物，如基改玉米、黃豆，還有經過基因改造含有殺蟲劑特質的作物，如蘇力菌玉米與棉花等。

始便奮鬥不懈（委員會主要關注議題是人類健康、基因與生物科技），以及「科學家關注聯盟」（the Union of Concerned Scientists），多年來不斷針對與農業生物科技相關的科學、立法與環境議題運動。草根組織在美國一些州內相當活躍，特別是佛蒙特與加州，行動主義團體試圖發展在地與州立政策及法令，阻止特定城市或縣市栽種、販售基改生物。偶爾爆發的行動主義，持續阻撓生技產業，然而反生技運動本身，也元氣大傷。

即使運動數量減少，運動的影響力仍存在於美國國內與海外。美國行動份子持續為其他地區的運動，提供資源與主意。直到這本書寫成為止，基改小麥與馬鈴薯，都沒有在美國本土上市，而美國針對基改生物的立法政策，也已稍轉嚴厲。舉例而言，以往美國政府機關對生技公司非強迫性質的安全檢驗數據要求，如今已改為全面實施，儘管公司還是不須對大眾公布檢驗結果。美國農業部更落實一項政策，要求農民在基改作物周圍種植非基改「避難作物」，以免基因改造作物的基因，轉移到其他作物上。這項「避難措施」，顯然就是行動份子施壓的結果。

我們可以說，反基改行動主義另一項間接影響，是有機食品大幅成長，以及消費者越來越關心，自己買到的究竟是不是「純淨的食物」，尤其是美國（通常較為富有的）特定族群消費者。如今美國國內，唯一名義上的非基改食品，就是經過認證的有機食品，因為他們明令禁止使用基改生物。許多想避免買到基改生物的美國消費者，會購買有機食品，前往在地農夫市集買菜，市集農夫則親自向消費者解釋種子來源，以及作物種植過程。我們無法直接將消費大眾對有機食品的需求，歸因於反生物科技行動主義的影響，然而我們可以說，行動主義的確是其中一項因素。

這波行動主義，很可能也是近年美國農民對重組牛生長激素態度一百八十度大轉變的原因。從二〇〇七年開始，一大批美國牛奶加工業者，向乳製品產業表示，他們將不再接受重組生長激素牛隻生產的牛奶。原因很簡單，就是因應消費者需求，在過去十年中，消費者極度傾向購買非基改與有機牛乳。儘管本章提及的一九八〇年代反基改牛乳行動主義，不太可能是千禧年後消費者態度轉變的直接影響因素，它的確間接促成了貼標籤的「非基改」選擇，也使得消費者對這項議題更加了解。柯林頓總統執政期間，美國消費者健康意識提高，也更富有，於是開始向牛乳製造業者強力表達意見，希望購買非基改牛乳。相當諷刺的是，孟山都公司將重組牛生長激素產品"Prosilac"上市十四多年後，市場再也沒有這項產品的需求了。二〇〇八年八月，孟山都宣布退出牛生長激素市場，並將"Prosilac"版權賣給美國禮來公司，乳製品產業一片譁然。

第六章

非洲的生物科技戰爭與農業發展

許多觀察者認為，全球農業生物科技議題衝突的關鍵時刻，發生於九〇年代晚期，行動份子領軍在歐洲市場讓基改產品吃閉門羹的時候。這些觀察者的論點是，正因失去這塊有利可圖的歐洲市場，全球政府、生技產品製造業者與貿易商，才終於開始認真正視這件事。唯有此時，他們才願意虛心聆聽民眾對這項新科技的恐懼，這些恐懼來自害怕生技產業對人類健康、環境與貿易關係可能造成的影響。觀察者則認為，行動份子在歐洲「勝利」的全球迴響，最具影響力的，莫過於二〇〇二年時，幾個中非國家拒絕世界糧食計畫署（World Food Program）的緊急食物船運援助，只因裡頭含有美國生產的基改玉米。可想而知，中非國家的這項決定掀起了一場激烈的全球論戰與外交政治角力，支持方或反對方皆然。生技產業支持者，包括美國國際開發署（the U.S. Agency for International Development, USAID），強烈指責中非政府拒絕進口基改食品的決定，既魯莽又危害中非窮苦人民性命，況且美國已安全製造生技食品長達五年之久。生技產業批評者，則批評國際開發署與世界糧食計畫署，不顧後果、不道德地利用飢餓議題，藉由拒絕以非基改食品援助中非國家，實行美國對非洲大陸的帝國侵略。許多分析者注意到，中非政府有鑑於歐洲對生技產業的反彈，甘冒失去讓農產品出口他國市場的風險，因為他們不願讓農產品遭受基改生物的「污染」。二〇〇八下半年，著名英國科學期刊《自然》編輯群，公開哀悼「眾所皆知的非洲基改之戰，」受到「歐洲環境團體煽動，而非由少數非洲政治領袖領導。跨國生技產業公司，召喚出對這些中非國家的殖民主義幽靈[1]。」橫掃歐陸的生物科技之戰，以及歐洲和美國間的拉扯，於是蔓延到南方世界窮苦國家，對這些國家的居民，造成複雜深遠的惡劣影響。

正確說來，二〇〇二年於中非國家因食物援助危機所導致的爭論與反控，早在基改種子與產品合法於南非以外的非洲地區進口、販售並製造前，便讓基因轉殖科技議題泛政治化。食品援助危機事件，明顯表示這項科技議題，以及關於生技產業的運動，是全球共同現象。然而，我們將於本章探討，純粹將關注焦點放在歐洲消費文化政治、歐洲反基改行動份子的「勝利」，抑或非洲政治領袖反對基改援助，仍然無法完全掌握非洲生物科技爭議的動力來源，以及在地生物科技支持者和反對者，如何將特定政治意涵與基改生物扯上關係。事實上，非洲各政府對採用基因改造科技態度不盡相同，除了尚比亞與莫桑比克以外的其他國家，沒有一個非洲國家，明確表達對這項新科技的反對意見。確實有許多非洲政府，害怕若拒絕基改生物，就會像第一波綠色革命那樣，再次錯過一項由強力新科技帶來的種種好處。再者，即使是強烈支持基因轉殖技術的非洲國家，譬如南非與肯亞，也因不斷爭議而陷入僵局。這份衝突戲劇化地減緩備受讚譽的基

1 詳見二〇〇八年《自然》期刊。

改革命腳步，讓農業相關決策者重新評估，基改新科技是否真為解決非洲生產與貧窮問題的關鍵方法。

南非從很早開始，就是基改科技的絕對擁護者。一九九七年，美國第一次大規模商業基改種植開始的一年後，南非便通過孟山都蘇力菌棉花種植，這也是非洲史上首次商業種植基改作物。緊接著，一九九八與二〇〇〇年，蘇力菌基改黃玉米與白玉米也通過審核，開始栽種。二〇〇一年通過的，則是抗除草劑基因轉殖棉花與黃豆[2]。然而，這波對基改作物的熱情擁抱，並未獲得其他非洲國家的共鳴。直至二〇〇八年末，布吉納法索也通過蘇力菌棉花栽種，其他非洲國家才紛紛跟進。即使如此，還是很少非洲國家針對生物科技安全，制訂可實行的法規。一項由蓋茨基金會（the Gates Foundation）贊助的跨國計畫，目的在非洲挑起「全新綠色革命」，他們對基改生物的態度則相較謹慎保守。基金會保有基因改造的選項，該計畫仍採取較傳統的植物育種技術耕種作物。簡言之，面對持續不斷的爭議、衝突與挑戰，基因改造革命陷入了困境，特別是在非洲這樣亟須生物科技帶來的好處的地方。全球新農業生物科技的產業軌跡，也因而巨幅轉變。

我們將於本章探討，非洲在地與全球行動份子，是促成中非這項行動結果的重要角色。非洲反基改行動份子利用發展、帝國主義、現代性、風險與權利的跨國論述，加入一系列跨國社會與專業網絡。然而，這並不代表這些影響或資源，純粹就是由北方世界的行動份子，傳給南方較貧窮的國家。生物科技的社會及政治**意義**，無疑是這項科技的在地影響，因為在地政策制訂者、植物育種家、種子公司、技術指導員、農夫、評論者與行動份子，以特定的在地生態和市場，詮釋生物科技，評估該如何運用這項新科技。行動份子在此過程中，漸漸將基因轉殖科技，轉變成為一項本質上引發爭議的新科技。

社會行動主義以三種相互關聯的方式，影響農業生物科技。首先是行動份子在推動全球生物安全管制過程中扮演的角色。最有名的，就是聯合國生物多樣性公約（the UN Convention on Biodiversity）中的卡塔赫納生物安全協定，一項管制貿易與基改生物跨國運動的國際協議。來自南北方的行動份子跨國合作，遊說可能反對生技產業的國家，說服這些國家的協商及決策者，協助撰述安全協定。這些行動在建立南北協商聯盟時扮演相當關鍵的角色，促成相關機構制訂基改生物貿易管制。卡塔赫納生物安全協定亦提供行動份子及公民社會監督者一項標準，衡量政府是否遵守承擔國際責任的承諾。一旦有政府想放寬管制，行動份子便立刻利用這項協定向政府施壓，要求政府不背棄協定公約。

2 南非政府於二〇〇〇年核准商業栽種蘇力菌基改白玉米時，成為全球第一個通過基改糧食作物大規模栽種的國家。

非洲在地行動份子也時常以其他地區的基改生物「問題」，向當地農業生物科技產業施壓，目的是要引發大眾對生技產業的懷疑心態。這些「問題」，往往由全球行動份子及生技產業批判者製造。著名例子有美國星連玉米事件、康乃爾大學帝王斑蝶實驗、墨西哥瓦哈卡州（Oaxaca）傳統玉米種明顯受「污染」事件，以及加拿大行動份子派特．慕尼稱之為「終結者科技」的專利授權，這些例子都給了非洲行動份子與公民社會團體反基改行動的有利證據。反基改行動的全球迴響相當重要，因為這些聲音，使得生物科技支持者越來越難掌控政治領域。儘管星連玉米醜聞很快在美國被壓了下來，「終結者科技」也從未正式上市，在地反基改行動份子卻能持續運用這些負面消息，影響大眾對基改生物的觀感。

自一九八〇年代起，多數非洲國家相關部門刪減農業研發資金，正好協助行動份子為生物科技產業蒙上一層疑雲。不僅因為有資格的技術人員減少（因為大學資金減少），也因北方世界與私營企業人才流失。同時，生物科技科學家的變動，也比以往還要頻繁。缺乏具有權威的**在地**生物科技相關知識（也包括生物科技的好處），其他地區行動份子的經驗，於是成為非洲生技產業批判者的有力資源。藉由廣泛流通並公開這些資訊，非洲在地反基改行動份子，因而得以保有他們對基因轉殖科技的反對論述，與支持者的論調平行且幾無交集，而與芸芸大眾的意見較為一致。

第三項對非洲基改科技影響最大的行動主義，是行動份子推動大眾監督政府農業與科技的政策奏效。行動份子團體擔任公眾監督，呼籲民眾多加關注議題，藉此讓非洲政府緩慢卻更謹慎地建制生物安全規範。在此有個明顯的諷刺。一九八〇年代起，國際捐款者與財務組織，勉強通過非洲政府結構重整與援助條款，減少經濟上的管理角色、刪減預算，讓政府組織更精簡透明。非洲政府鼓勵非營利組織部門主動採取行動，提供服務、社會保護、小額信貸與發展建議等。隨著農業國家補助普遍減少，這些公民社會組織則開始接手農業發展工作，因而成為非營利組織與公民間的重要對話者。

簡言之，行動主義推動全球管制體系所扮演的角色、其他地區的行動主義（各地運動目的不一），以及生物科技管制造成的在地衝突，促使非洲生技產業反對者，持續阻撓產業在非洲布局。他們協助非洲政府與全球機構重新評估科技對農業生產力的影響，以及解決非洲飢餓和貧窮危機的能力。反生物科技行動份子若缺少任何一項配合條件，是否還能大獲全勝，相當令人質疑。他們若遭逢強勁、頑固而執著的反對者，能以科技的社會價值說服大眾，那麼行動份子就不可能有機可乘。

接下來，我們將討論南北方反基改行動份子如何合作，在世紀交替時，促進國際生物安全協定的協商過程。此國際管制體系，減緩基改生物在許多非洲國家的應用。之後我們將探討非洲在地行動份子，如何挪用國外運動資源與經驗，針對非洲國家種植基改作物，提出質疑。一些國家中，顧及基改生物對國內農產品出口及生物多樣性造成的可能威脅，政府立場和行動份子吻合。另一些國家的政府，則強力支持基改農作，扭轉行動份子意見，以希望和前景等正面論述，對抗反生物科技的論點。最後，我們將著重探討支持基改議題的南非，檢視當地行動份子團體如何挑戰政府，即使是在大環境極度不友善的狀況下，迫使南非政府的生技相關政策更加透明。

新自由國際主義與生物安全協定

許多分析者也注意到，國際化的現代，全球體系以不同方式緊密連結。隨著各政府企圖減少交易金額，在不同領域中解決協商挑戰，國際政府間的協議與跨國條款急遽增加，包括公共健康、國際移民、環境管理與貿易等領域。除此之外，聯合國、歐盟、世界貿易組織等國際組織，皆可獨立制訂規範。次國家（subnational）與非國有組織，例如私營企業、非政府組織與社會運動（包括恐怖份子）的數量、能見度與影響力，都大幅增長。的確，許多分析師認為，國家角色與國際組織主權都歷經轉移，上移至跨國組織，下轉至跨國企業等非國家團體[3]。這些組織在特定議題領域中的發展，都為行動主義提供了跨國機會。

反基改行動主義跨國合作機會始於一九八〇與九〇年代，由「北方全球計畫」（the North's Globalization Project）開啟，旨在獲得世界貿易組織的全球經濟管制權，引發基因轉殖農業科技貿易與科技政策的相關辯論。如我們於第一章所見，這項計畫的關鍵，在於透過減少進口貿易的配額、關稅與障礙，解放發展中國家的農業市場，藉由在跨國組織中定位管制及政策主權，「協調」國內監管環境，以世界貿易組織的〈與貿易有關的知識產權協定〉（*the WTO's Agreement on Trade-Related Aspects of Intellectual Property Rights, TRIPS*），強化私有財產權。這項計畫反映了南北雙方戲劇化的權力分離過程，因為普遍較低的經營管理能力、高度貧窮與負債率，非洲國家往往較為弱勢。

如第一章所示，全球計畫隨跨國行動份子網絡興起，主要關注議題為全球社會正義與永續發展。網絡中的行動份子藉由讓弱國及全球計畫的國際組織參與，協助反生物科技運動創造政治空間。其中最值得一提的，是由行動份子促成，聯合國生物多樣性公約管制下的全球跨國基因轉殖生物流通管制體系。生物多樣性公約（CBD）制訂於

3 發展分析師特別指出，世界銀行與國際貨幣基金組織（the International Monetary Fund）具有為貧窮國家決定許多政策架構的權利，無論是透過援助條款或提供專業知識。世界貿易組織有權為成員國制訂並執行規則。只有大約百分之十的世界貿易組織文件與貿易直接相關，其餘的則限制國內不同領域政策選擇，諸如製造業與教育圈，兩者的國家主權都遭受剝奪。

一九九二年聯合國環境與發展會議（地球高峰會），由來自南北方的環境份子圍繞「永續發展」議題動員，為了發展出針對「全球計畫」中科技農產業發展典範的批判。確實，地球高峰會是八〇年代開始如雨後春筍般出現的環境團體與組織，重要的推手。

一九九二年制訂生物多樣性公約的協商會議中，來自南方世界與會者指出，若是引進基因改造生物，將嚴重破壞南方國家豐富的生物多樣性。有鑑於此，南方行動份子認為有必要立即制訂一條監督基改生物全球貿易的國際條款，因為他們覺得未來基改產品只會日益增加。然而美國及一些其他聯盟國，則將這種國際條約，視作對北方農民與企業權利的威脅，阻撓他們在全球生產並販售產品，包括所有的基改農產品。往後八年裡，這些國家主動出面阻止類似協定的協商過程。

最後美國與聯盟國並未達成目的，卡塔赫納生物安全協定則於二〇〇〇年一月，由官方制訂為生物多樣性公約附加條款。儘管生物安全協定並未如南方行動份子期待的那樣強烈與完善，他們仍舊認為這代表了運動的成功，因為行動份子所希冀的，無非就是針對基改生物貿易作出一些控制。生物安全協定要求政府設計生物科技管制時，採取謹慎態度，事先實施嚴格的風險評估。儘管協定要求管制決策基於「可靠科學」原則訂定，它同時也允許以社會經濟考量，達成基改產品進口決策。因此，不違反貿易規範的情況下，協定提供了政府限制基改生物貿易更廣泛的工具選擇，但這並非基改支持者樂見的。

行動份子扮演的角色

卡塔赫納生物安全協定得以成功協商，仰賴反生物科技行動份子、環境行動份子，與南方政府間的結盟。反生物科技行動份子強烈要求政府實現預防原則（precautionary principle），環境行動份子則強調新科技對生物多樣性及脆弱農業體系下的農民生技造成的威脅。貧窮國家政府，則積極反抗國際管制體系的新自由主義趨勢。許多因素共同造就協商最後的成功，而社會行動份子的努力仍舊相當關鍵。

早在協商前，歐洲行動份子與大眾便已向政府大力施壓，要求他們認真面對基因改造議題，採取預防原則措施。這股壓力促使歐盟派遣一群高層前往協商，清楚告知他國，歐盟要為歐洲居民負起責任。來自南北方各界非營利組織代表也參與會議，使用不同策略，向代表施壓，企圖達成有意義的協商。行動份子團體明確分工，將一些成員送往會議，其他行動份子、觀察者及發言人，則負責上街抗爭。行動份子團體在冰天凍地的蒙特婁守夜，展示一個又一個繽紛圖樣，吸引媒體注意力。很顯然地，他們達到了目的。一位蒙特婁新聞記者表示，這些行動份子「像拉一把史特拉瓦里琴那樣，將媒體操弄於掌心」。

負責內勤的行動份子也日夜不懈努力工作，遊說代表，在最新的經濟、法律與科學新知中，製造分歧意見。協商開始不久後，行動份子網絡發表了由全世界二十五個具影響力的非營利組織簽署的立場宣言，強烈要求制訂一份生物安全協定，警告那些「只想保護國內〔基改生物〕產業與商業投資利益」的國家，表示他們不過是在阻撓協商順利進行。行動份子團體同時也企圖尋求南方代表的支持力量，他們清楚了解美國其實並非真心想聆聽行動份子的立場後，便將重心放在建立跨國聯盟，與來自南方的「有志一同」（Like-Minded Group）團體成員聯手進行。行動份子提供這些南方代表許多相關資訊，協助他們迅速評估提出的議案，針對特定語言做出具體建議。他們同時也邀請環境科學家對大眾演講，並邀請南方國家的代表參加[4]。

衣索比亞環境保護機構暨南方世界主要協商者埃吉雅貝爾（Tewolde Egziabher），特別強調多數由非洲國家代表組成的「有志一同」團體，在試圖對抗如美國與其同盟國等勁敵時，來自行動份子的支持有多麼重要。埃吉雅貝爾寫道：「幸好我們還有朋友，」

> 非洲很窮，沒有朋友的話……我們根本不可能行動。所幸的是我們很快就交到了朋友，彌補差距……第三世界網絡（The Third World Network）給予我們關鍵支持，促進南

方國家之間與南北雙方的交流。非洲電子通訊如此差勁，要不是倫敦蓋亞基金會（the Gaia Foundation of London）自願當我們的資訊接收站，如果沒有全世界其他許多朋友的幫忙，我們也不可能得到這麼多資訊，不可能這麼有效率。

正如一位觀察者所言：「拉遠一點來看，會發現行動份子真的很重要，因為他們扮演了整體社會的監督者，呼籲還猶豫不決的各國代表，要他們記住，要是他們做了某些事情，會讓國內支持者失望……。行動份子是最重要的監督者。」

我們接下來將會看到，行動份子在反生技運動中扮演的重要角色，就是利用卡塔赫納生物安全協定，要求各國政府遵守他們承諾的國際義務。行動份子同時也以安全協定作為訴求，要國家管制體系開放更多大眾參與，擴大基改生物風險與影響評估的社會標準。研究者蓋普塔（Gupta）與福克納（Falkner）表示：「〔這項協定的〕協商與執行過程，讓更多人開始關注生物安全議題，也推動國內各選區，更加謹慎測試、上市生物科技產品。」非洲共有三十七個國家簽署協定，政府官員發現有必要不斷重複向大眾公開解釋，政府嘗試建立的管制體系是與協定內容一致的。卡塔赫納生物安全協定，因而

4 本書作者訪問了參與演講的行動份子。

成為國家政治基因轉殖科技議題上產生衝突時的關鍵參照標準。

跨國爭議：二〇〇二糧食援助危機

非洲政府對基因改造糧食援助的反應，需要放在跨國情境下來看。非洲政府支持生物多樣性公約，部分因為這項公約為風險管理及智慧財產權，提供了一項國內監管工具，也有助於適時阻止世界貿易組織鬆綁生技管制。因此，這些政府傾向於強調有效管制的需要，也實行預防原則措施。二〇〇二年，非洲政府對基改生物採取謹慎原則，因為當今環境影響的未知數很多、錯綜複雜，而且高度政治化。生物科技批判者與關心此議題的政府則認為，這項新科技變數很多，許多與生技產業相關的弱點證據，都握在行動份子手裡。其中一個案例，是二〇〇〇年星連玉米事件爆發的爭議，便由美國行動份子主導。即便世界糧食計畫署堅稱基改食品對人體絕對安全，美國也早已上市五年，批判者還是認為他們通篇謊話，因為有些基改食品（例如星連玉米），並未核准人體食用。星連玉米在消費者不知情下上市，批判者因而質疑，若美國允許販售未經核可的基改食品，那麼非洲糧食援助的食品中，該有多少糧食已遭到污染？這項威脅似乎特別明顯，因為世界糧食計畫署堅持，援助計畫的糧食中，不可能百分之百將基改與非基改玉米區隔開來。事實上，這是設計好要說服非洲政府的說法，說服他們糧食援助不是零，就是一。由此可見，即便聯合國糧食與農業組織（the Food and Agriculture Organization）以及世界衛生組織，雙雙支持世界糧食計畫署的堅持，也就是基改生物對人體無害，這也並非一項單純的論點。如此這般的情況下，尚比亞、辛巴威、莫桑比克與馬拉威等國領導者，認為缺乏證據或科學論點支持基改商業作物對人體無害，各國紛紛決定明哲保身。

然而事實上，基改食品對人體健康造成的潛在威脅，並非這些非洲國家最主要的擔憂。的確，除了尚比亞堅持到底以外，其他國家最後全接受了基改糧食援助，條件是這些作物在送往非洲前便先行輾碎。對這些非洲國家而言，更讓他們感到擔憂的，是這些進口作物最後將會在自己國家的土地上種植，「污染」在地生物多樣性及農耕系統。非洲在地批判者再次挪用國外案例，舉例說明二〇〇一年墨西哥科學家，發現基改玉米在未經政府核准的情況下，於瓦哈卡州十五個區域種植。所有墨西哥州的基改玉米，都在北美自由貿易協議（North American Free Trade Agreement, NAFTA）規範下，進口販售或加工。沒有人清楚知道，基改污染會朝什麼方向進行，或是這麼做的長期環境影響為何。然而事實指出，進口販售的基改玉米，最終將在本土種植，或是進一步影響農業系統。

除去無法衡量的因素，對可憐的非洲政府及非洲農民而言，他們的擔憂包含了兩項主要威脅。首先，非洲國家一旦引進基改糧食作物，在地的農業生物多樣性，就會因為受壓迫而減少，讓農作物對頑強的害蟲及雜草更加束手無策。這對非洲農業系統造成很大的威脅，因為非洲農業主要由小規模農民組成，他們往往在具有高度生態變動的環境耕作。第二項農耕者眼中的危機，是農民必須遵守世界貿易組織的智慧財產權規範，購買禁止重複耕種的專利種子。在多數非洲國家，植物育種是相當流動的過程，農民精通種子保存、農民之間的種子交換，以及在地特定種子的品種選擇。這些都是非洲農民用以回應可預期、但不可知的生態和氣候變遷的關鍵方法。這些農民多數是小規模種植，缺乏資源，他們對這項議題感到十分憂慮。更讓他們恐懼的是，如果跨國企業掌控了在地種子供應商，公司會針對非洲農民實行所謂的終結者科技，因而更加深了他們對這些企業的依賴[5]。

然而，許多開發領域與援助機構工作者，認為這些非洲國家宣稱的恐懼，並未充分發展、沒有事實根據，而且相當不負責任。另一些人則認為，非洲政府的決定，完全出自害怕失去歐洲市場的心理，因而最後任由富裕的歐洲消費者擺布。這群任性的消費者，完全不需要思考自己放縱的消費習慣會對遙遠的貧窮國家造成什麼影響。還有一些人認為非洲國家受到環境團體的不當意見影響，這些團體主要來自北方世界，他們的利益考量，就是擴大自己的權力。然而，為了要了解基改糧食援助背後的政治操弄，我們還是必須試圖理解這些國家政策上的漏洞。尚比亞與馬拉威可說是非洲最貧困的兩個國家，國內生產毛額（GDP）分別為七百八十與五百七十美金。兩國皆受國際貨幣基金組織嚴格的債務削減計畫限制，要求兩國政府緊縮預算。他們同時也重度仰賴主要產品的出口收入。簡單來說，這兩個國家賴以維繫國民長期生計與福祉的選擇，相當有限。

非洲國家糧食援助危機的主要顧慮，並非後果不甚明確的健康或環境威脅，而是國內不夠優秀的農產業管理效能。欽森布（Chinsembu）與康比康比（Kambikambi）針對尚比亞的問題，如此寫道：

> 非洲的推廣服務與教育系統，缺乏有能力且訓練有素的人，領導農民接觸最新農業科技發展，尤其是基因改造工程的相關發展。這些國家也完全沒有認真宣傳，告知利益相關者這項新科技的訊息，大學甚至沒有生物科技相關課程。媒體已經開始彌補這項差距，卻仍有許多記者缺乏可靠的資訊來源。這裡的網路不太穩，或者根本沒有網路。即

5「終結者科技」（Terminator technology）一詞，由行動份子團體——國際農村發展基金會（RAFI）所創，事後證明極富彈性且具有號召力。

使是在地的主流媒體和記者，也欠缺與專家的聯繫，提供他們國內和全球的最新消息。這讓整體農產業對不實資訊與他人惡意散播的意見，格外無力抵抗。

除了辛巴威以外，沒有一個國家擬定適當的生物安全政策，或立法有效保護智慧財產權。因此，糧食援助危機突然而直接打擊這些非洲國家時，他們毫無自我保護的能力，只因缺乏有效體制，掌控反基改種子國內外運動，也沒有判定植物育種員、種子公司、農民與消費者權利及責任的法律框架。這些不足之處的影響，在二〇〇四年於辛巴威舉辦的非洲生物科技政策對話會議（African Policy Dialogues on Biotechnology）的〈生活用紙〉（*living paper*）及〈治理非洲的生物科技〉（*Governing Biotechnology in Africa*）兩篇論文中，被尖銳點出：

基改食品議題不僅提高非洲國家政治溫度，更使食品援助的一些基本過程，變得格外艱難——例如透過港口運輸糧食，將作物出口。基改食品相關風險，使糧食交易多出了額外金額。二〇〇二年年中，馬拉威究竟如何透過沒有訂立生物安全條約及安全測試機器的坦尚尼亞與馬拉威兩國，成功運輸美國捐贈的基改玉米？這樣的運輸過程中，臨時措施相當必要……即使是針對看似如此單調的運輸問題：如何將糧食卸到軌道車與卡車上，而不會損失太多玉米？如何使裝滿基改糧食作物的卡車及車輛掩人耳目？要讓這些卡車與車輛在運輸路徑中的各個指定地點，待上多久時間？這些障礙的機會成本，加上在地對能紓困、卻經過基因改造的糧食普遍不表態，讓糧食捐贈者與援助機構緊鑼密鼓的審查和不絕於耳的批判之聲，都消失了。

事實上，糧食援助危機促使這些非洲政府與世界貿易組織管理層的權力及影響力正面碰頭，尤其因為基改玉米由美國供應——美國並未簽署卡塔赫納生物安全協定——同時對參與國的批判漠不關心[6]。

因此，非洲作物與農田「受污染」的風險，就變得相當高。首先，非洲政府害怕失去有潛力的國際市場，不光因為會失去收入來源，也因為全球化的時代中，一個國家貿易商品的標準及品質，是該國能否成為值得信賴的貿易夥伴的重要指標。無法證明本國商品品質，很可能會讓一國喪失進軍未來國際市場的機會，更別提當今的流通市場[7]。可憐的非洲政府，有理由擔心自己若缺乏對新科技清楚、有效率的管理制度，將導致他

6 世界糧食計畫署似乎根本沒有考慮到將基改食品進口到簽署卡塔赫納生物安全協定的國家的後果，也彷彿失去了監管能力。請參閱齊利（Keeley）與史昆斯（Scoones）於二〇〇三年出版的著作。

們與國際貿易關係的偏頗。尚比亞農業部發言人解釋該國決策時表示：「尚比亞政府沒有能力偵測食品是否經過基因改造；我們尚未通過卡塔赫納生物安全協定，也沒有針對生物科技及生物安全，制訂適當的法規。」國際行動份子網絡積極欲曝光基改作物相關消息的動作，也讓非洲政府更緊張了。

非洲政府感受到這股危機傳遞的警訊，更加努力著重設計生物科技管制的立法框架，包括針對保護生物科技資源所作的努力。行動份子同時也向非洲政府施壓，要求他們協調監管制度，因為農產業會定期在非洲大陸內跨國運輸種子與糧食。歐盟內部關於基改管制立法的持續爭議，顯示如此這般的國際關係協調總是很難順利達成，即使這些關係都已高度制度化。

第二個原因，出自於非洲政府害怕農耕地受新科技「汙染」，還有新科技對農業生產力的潛在威脅。傳統上，農夫實地試驗與公共研究機構合作，為了增進糧食作物的品質及產量。即便只是最小的威脅，也讓仰賴這些新科技研發植物育種能力的貧窮國家緊張不已，特別是因為研發的公共贊助與制度能力，已經連續下滑二十年。下滑的部分原因，來自國際金融體系對高負債國家強迫實施的經濟緊縮政策，導致窮國政府減少對農業研發資金的贊助。另一項原因，則是九〇年代農產業自由化的明顯趨勢，迫使許多非洲政府在國際資助者的壓力下，將半國營種子供應商以及市場私有化。這些商業交易，已成為農業研發資金的收入來源之一。同時間，農產部門管理也從這些官方政府的掌控中鬆綁，資源不足的科學家，則需要更多資源進行研究工作，在地作物品種，也需要受到保護。

中南非政府，將基改作物視為對國家人民飲食深遠多面向的威脅。更精確一點的說，制訂基於「健全科學」的風險評估時，必須把複雜的不確定性一併考慮進來。許多基因轉殖科技支持者，將這種不確定視為改變的機緣，同時也認為，為了全民著想，必須積極推動這項尖端科技。批判者的觀點則截然不同，他們認為生物科技是一項剝奪個人權利的科技，使得貧窮國家與邊緣人民，暴露在可能釀造悲劇的不確定與風險之中，而這些國家的專利權，也由帝國主義控制。他們堅信這些風險，使得基改科技根本不可能為大眾利益服務。

科學、未知與政治監管

中非食物援助的政治操弄，並非由行動份子一手造成，儘管行動份子在國內及國際

7 舉例而言，辛巴威乃高級牛肉出口國，因此極端不願意以基改飼料餵食牛隻，導致市場流失。

間，都積極參與反生物科技行動。事實上，食物援助的政治把戲，說明了行動份子的一切努力，如何形塑了跨國機會，從中協商泛政治化而爭議不斷的農業生物科技議題。**基改生物**一詞，激起了非洲政府、農民、非營利組織及某些消費者，對於健康、環境及經濟風險的恐懼。恐懼的部分原因，來自非洲政府多為「科技接收者」，而非「科技創始者」（也就是說，比起創造科技，他們更仰賴科技傳播，其中包括了種子科技）。非洲政府的主要考量點，在於如何能適當行使國家主權，有效管制生物科技產業。因此，跨國反生物科技行動主義，著重於生物科技的監管層面，以及在非洲布局的海外投資。也許無可避免的是，生物科技爭戰，將如火如荼在農業科技發展相當好的國家上演。二〇〇二年食品危機時，南非及肯亞等國家已訂定生物安全相關的合理監管細則。不像大多數的非洲國家，南非與肯亞已具有執行基改革命的相當科學能力，可望成為全球生物科技產業較渺小、但認真參與的一員。

值得注意的是，儘管跨國行動主義使監管體系成為一項爭議，監管領域卻並非專制主義的天下：如何布局基因改造科技，可以經過協商。有鑑於一些基改生物未通過核可，或是只因為特定用途而通過核准，支持者並不能果斷宣稱基改食品絕對安全。同樣的，批判者也不能果斷宣稱基改食品是不好的，因為其中有些已達到監管標準。對於雙方而言，重點是試圖將監管體制朝自己的方向挪近一點。因此，生物科技支持者向非洲政府施壓，希冀政府採取更寬容的監管政策；另一方面，行動份子及批判者，則希望政府對新科技的態度更謹慎。行動份子也特別耗費精力，阻撓基改食品通過立法，或推動立法管制基改食品，確保基改生物不會進入公共領域。

兩者情形都讓我們了解，生物科技的爭議，始終圍繞兩種相互衝突的論述進行，而這些爭議與衝突，都與生物科技的價值與意義有關。支持者一方面喚起帶有希望的論述，敘述何種跨基因科技得以增加農業生產力、減少貧窮，滿足急遽增加的世界人口糧食需求。另一方面，反對者則激起生物科技風險與權力的論述，特別強調科技對環境與人體造成的長期不確定影響，也威脅了農耕體系，以及消費者選擇吃下什麼的權利。南方行動份子採用了北方行動主義的框架，根據不同的在地歷史、文化與體制結構修正。本章接下來的部分，將更深入探討南非世界的爭議。

南非的生物科技發展

如前所述，南非乃非洲國家發展科學及農業基因轉殖科技策略的領袖，也是第一個根據基因改造生物法案（the Genetically Modified Organisms Act），針對生物科技擬訂規範的非洲國家，該法案自一九九九年起生效。南非公共農業研究歷史悠久，擁有幾家早已活躍於國際的研究中心，比起大多數的其他南非國家，也更有研究能力（除了奈及利亞、埃及與肯亞這幾個國家，他們的研究發展與南非科學家關係緊密）。奧菲爾（Ofir）於一九九〇年代中期寫道：「可以預期的是，南非生物科技人力發展，將是南非各國主力，目標是讓非洲各國科學家，得以針對在地需求工作。」此外，南非監管體制比起其他非洲國家更健全，也是法定植物育種家擁有權力的少數國家之一，更是植物新品種保護國際公約（the Protection of New Varieties of Plants, UPOV）成員國。因此，南非當局與其他地區的政治人物，期待南非的生物科技監管體制，能為其他仍在制訂政策階段的非洲國家，提供參考雛型。

監管體系

南非基因轉殖農業生物科技歷史，可追溯至一九八九年，當時南非農業部正在受理第一份基改試驗棉花田的申請。然而，南非政府當時亦缺乏生物安全政策架構，政府則根據一九八三年的農業害蟲法案（the 1983 Agricultural Pest Act），通過這項申請，停止執行該案的科學風險評估，不再要求南非基改實驗委員會（the South African Committee on Genetic Experimentation, SAGENE），制訂相關生物箝制規則。SAGENE創立於一九七〇年代晚期，是南非國內生物科技研發諮詢機構，由一群在大學及研究機構工作的生命科學家領導。他們各自有進行中的研究計畫，並對基因及分子研究有共享的高度熱情。政府的科學政策提供了少許協助，而種族隔離政策使得政府的研究興趣，專注於應用領域，特別是第一代植物生物學。研究機構與政府、學術和產業間小有合作。因此，早期生物科技，大多仰賴這些個人的熱心與野心發展。他們認為基因革命迅速改變了國際基因與分子研究，很擔心在專業領域無法迎頭趕上。科學家創立SAGENE，主要為了在「研究室裡的應用科學」，如實驗、安全等領域，發展出一套健全的科學協議[8]。這項舉動使得專門的「認知社群」有了制度形式，該社群相當具有說服力，卻也同時非常排外，規矩很多。

隨著一九九〇年代早期出現的「新」生物科技，以及和種族隔離政策結束相關的科學、科技政策轉向，SAGENE研究團隊銳不可擋，成為監管體制的核心。他們同時也與主要在美國的學術領域和贊助機構合作，建立向外擴張的國際研究網絡。他們吸引國際研究經費及機構合作的同時，也強化了在地的科學結盟，使在地科學社群名聲更望。因此，他們取得具有說服力的立場，與有關當局針對科學政策對話，確實將他們強調

8 一位同是SAGENE創辦員的資深科學家表示，委員會會員擬定的協議，乃根據美國國立衛生研究院（the National Institutes of Health）所訂定。

的「好科學」（good science，以實驗室科學為主的研究方法），置於政策核心。科學家透過SAGENE表達權威，而SAGENE則為所有政府機構提供基改生物進口、釋放到環境中的相關諮詢。SAGENE也為基因轉殖稻作提供實地測試指導，負責評估一切要求當局執行基改生物相關活動的風險，主要是與人類食物、動物飼料、環境影響等相關的風險。一九九四年四月二十七日成立的新南非政府，對基改生物領域一無所悉，因此，SAGENE掌控了基改生物主要的監管細則。

一九九七年是南非農業生物科技發展至為關鍵的一年。第一批商業基改作物開始種植、基改生物法案通過，旨在「提供基改生物合理發展、製造、利用與應用的方法」，同時，南非第一個反基改生物團體——「看守生物」（Biowatch），亦於該年成立。基改生物法案目的是要**提倡**基因轉殖科技，因此實際上是一套對基改科技相當寬容的監管工具。該法案早在卡塔赫納生物安全協定生效前便已訂定，因此沒有適時將預防原則納入考量[9]，而是參考美國強調的「實質等同」概念（substantial equivalence），也就是在設計風險評估時，不將「新」、「舊」生物科技技術，視為有差異。美國基於基改生物法案而組成的諮詢委員會，取代SAGENE成為評估機構，透過申請者執行並呈報的風險進行安全評估，而非由委員會本身執行評估。這項法案僅適用於基改生物，並不適用於基改生物製成的產品，也不包括基改產品貼標籤的相關規定。

基改生物法案的包容度，是為了要鬆綁針對基改生物的嚴格規範，以及加快基改生物應用的核可過程。為了迅速通過核可程序，立法者時常核准在美國執行的試驗，認為這些試驗符合監管目的。根據基改生物法案所執行的評測，多為電腦操作，而非實地勘查，可以有效並迅速取得監管許可。二〇〇六年，「非洲生物」（AfricaBio，當地最活躍的支持基改生物遊說組織）執行長，在一次議會公聽會時宣稱，南非理當使監管過程簡單化：「全球已有大量資訊，」她認為應該全面檢驗這些資訊，好讓南非「不會浪費資源，白費力氣重複做同樣的事情，一再重新來過。」她表示，安全檢查的相關條款很重要，但更重要的是，能讓科學家與農民簡單理解、運用，縮減預算，將這項新科技的利益發揮到最大。

若說監管體系十分寬容，那麼它同時也相當排外。基改生物法案將針對基改生物的規範，交由對這項科技抱持友善態度的農業部管轄，諮詢委員會也由十位基改生物領域的科學家及專家組成，分別來自幾個與SAGENE緊密合作的團體。其中幾位不僅是研擬國家生技策略（the National Biotechnology Strategy）的關鍵人物，更是草擬基改生物法案

9 的確，在南非及其他非洲國家，科學家批評卡塔赫納生物安全協定，製造不必要的繁文縟節，限制了資訊、知識與科技的有效流通。許多科學家因而呼籲廢除這項協定。

的重要角色。這項監管框架，反映了認知社群的常態、方法以及標準。監管官員往往將生物科技的規範，視作是對科學與科技的直接政策，因此他們傾向緊密拉攏專家圈，賦予研究型科學家與植物技術專家特權，不論是學術界、政府、國際顧問或基金會，還是商業公司的專家。發展政策領域中較具影響力的社會科學家則鮮少參與，因此在農業生物科技政策與發展政策領域之間，製造了一道也許不甚公平的裂隙。尤有甚者，儘管基改生物法案正式將農民與消費者，設定成是重要的利益持有者，兩方面事實上都被法案凍結。諮詢委員會不允許公眾參與，只開放環境釋放許可申請程序中的「須知與評論」（notice and comment），讓公共意見加入。

最特殊的是，此監管體系並未考慮該國為農民提供或設計恰當資源、基礎建設、擴大發展與教育的能力，而這些農民最終將在環境中運用基改生物。這樣的結果相當諷刺，因為一九九五年由生物科技中介服務（the Intermediary Biotechnology Service）組織的第一場生物科技政策區域論壇，特別強調將新科技導向小規模農民，以及在政策規畫中融合社會和科學的重要。事實上，當時論壇的參與者——各基金會、國家科學與科技中心、產業等等，不包括農民——都不約而同認為，讓農夫參與生物科技框架的制訂過程，相當重要。然而真正實踐監管系統時，小規模農夫的聲音，卻又徹底遭到忽略。一項基改生物實地測試的申請說明：「新興的農民會受邀進行試驗，觀察新科技、提出問題並接受諮詢，了解這項新科技對他們的潛在價值為何。」這別具意義，因為該法案把由基改生物引起的一切損害，歸納為「終端使用者」的責任，而非其他主要相關立法所遵從的「污染者負責」原則，譬如國家環境管理法案（the National Environmental Management Act）的規範[10]。因此，這樣的監管措施造成內部緊張：儘管農業生物科技利益，只展現在農業體系中，農業體系本身卻並非評估的一環。農民的潛在風險因此大幅增加。

反對聲浪的出現

提倡基改生物的整體氛圍，促使南非政府於一九九七年（亦為美國將基改生物上市後一年），基改生物法案定案前，首度核准基改生物。一群人數雖少、積極發聲的行動份子網絡，開始在南非動員反基改生物的發展與部署。這群行動份子中，許多是中產階級白人，長期在大學或非營利組織，為社會及環境正義議題工作。他們或多或少曾於南

10 這意味著若一位農民無意之間種植了基改作物，那麼這位農民必須向公司負起侵權責任，而非由公司對農民負起農地受基改污染的責任。這項條款大幅降低了生物科技公司的風險，也可能鼓勵生技公司在南非與辛巴威，非法實施實地測試。

非種族隔離時期，參與環境政治議題。這種背景影響了他們行動的觀點及方法。

這群早期環境行動份子，並非來自一個緊密結合的團體。部分從關懷貧窮及邊緣社群、工業污染、有毒廢棄物、不當衛生設施等都市運動而來，進而參與基改生物議題。也有一部分人關心邊緣農村社群，是否能取得並永續利用土地。第三類行動份子，則將關注放在南非核能計畫的社會與環境影響，這項計畫同時也牽涉南非的軍事及電力供應。儘管這群行動份子背景如此多元，他們在這一波聲勢上漲的公民社會行動主義中互動頻繁，成為促使南非政府於一九八〇年代結束種族隔離政策的運動特徵。他們一同參與聚會、簡報會，以及抗爭活動。他們擁有對社群共同的環境及社會正義感，也對南非種族資本主義發展造成的剝奪歷史極為關心。因此，這群行動份子也特別關注可能剝奪貧窮者權力的發展選項。他們傾向將生物多樣性的威脅，和社會排外連結在一起。

這群行動份子對邊緣社群及殖民主義下的剝奪的關注，相當重要。原因有二：首先，這些議題讓行動份子在他們的分析與框架中，造成「去商品化偏頗」（decommodification bias）的觀點意見。更重要的，也許是這些關注，使得這群行動份子，與其他前殖民地區（如印度和馬來西亞）的行動份子更加團結一致。漸漸地，這群南非行動份子建立起跨地區與跨國溝通、合作網絡，成為九〇年代反生物科技運動的跳板。舉例而言，緊隨一九九二年里約地球高峰會議（the Rio Summit）而來，環境正義團體——非洲地球生命組織（Earthlife Africa）舉辦了一場永續發展會議，南北世界代表都前來與會，包括美國明尼阿波利斯市農業貿易政策機構（the Minneapolis-based Institute for Agriculture and Trade Policy）的克里斯丁．道爾金斯（Kristin Dawkins）；馬來西亞第三世界網絡的許國平，以及科學、科技與生態研究基金會（the Research Foundation for Science, Technoofy, and Ecology）創辦者范達娜．席娃（Vandana Shiva）。這幾位活躍於國際間的行動份子，都是一九八〇年代反生物科技運動跨國團體的知識基礎（請參閱第三章）。就在永續發展會議上，南非環境正義網絡論壇（the South African Environmental Justice Networking Forum）正式啟動。一些在地團體，如環境監測團體（the Group for Environmental Monitoring）也開始運作，還有一些以社群為基礎的組織，例如南德班社區環境聯盟（the South Durban Community Environmental Alliance），也同時開始運動。

傑克林．考克（Jacklyn Cock）注意到，這些網絡之間的組織、策略與分析，連貫性不高。相對的，它們是「未充分發展、多元而不協調的組織。」然而，這些網絡仍然為反生物科技運動帶來許多關鍵資源。其中之一，是組織並聯絡後種族隔離社會中，已然高度動員的民主參與權。另一項則是對於負責管理社會及環境資源的政府機關，提出更特定的責任及更高的能見度要求。第三項能力，是將他們對議題的關心，和某些政府機構結合（譬如環境機構），積極參與一些政府政策商議過程。最後，透過個人行動主義經驗，行動份子有決心與信心，認為他們足以造成改變。

一九九七年，行動份子考慮到他們眼中大規模、不成熟且不透明的基改生物核准過程，一些成員創辦了南非第一個反基改組織，也就是南非看守生物組織，並由一位先前於開普頓大學工作的生物學家領導。看守生物組織宗旨在於「公開、監督並研究基因工程相關議題，提倡生物多樣性及永續生存」，「保護生物多樣性，使之受企業利益壟斷」[11]。三年後，為了追求涵蓋範圍更廣的公共策略，並著重公共意識、食品安全及消費者選項，南非基因工程凍結聯盟（the South African Freeze Alliance on Genetic Engineering, SAFeAGE）正式成立。參照歐盟凍結基改生物的方式，強調預防原則，SAFeAGE呼籲南非政府五年內全面暫停一切基改生物相關活動，才有更多時間評估基因工程運用在食品與農業的健康、安全及環境影響。SAFeAGE也向南非政府施壓，希望能通過卡塔赫納生物安全協定。SAFeAGE有自覺的以網絡型態建立組織，而非一個運動組織，領導者致力於協調公民社會組織中的特定活動，例如媒體事件、說明會、超市活動、貼標籤活動、請願等合作[12]。此聯盟取得重要擁護者的支持，例如天主教會主教團（the Catholic Bishops Conference）、南非工會聯盟（the Congress of South African Trade Unions, COSATU）等團體，以及媒體的普遍支持。SAFeAGE與其他在地反生物科技團體緊密合作，公開大量資訊，目的在於確保預防原則，使之成為大眾共同要求及立法準則的基礎。

第三個組織則是非洲生物安全中心（the African Center for Biosafety, ACB）。成立於二〇〇三年，ACB旨在推動實施嚴格、全面的生物安全政策，強調公民社會保護非洲生物多樣性與食品生產系統時所扮演的角色，特別是反對基改作物商業化。ACB執行長是一位環境律師瑪莉安．瑪耶特（Mariam Mayet），她曾經為國際綠色和平組織與看守生物工作。ACB負責監督國內外生物科技產業發展，蒐集相關資訊並散播批判分析。裡頭七個成員皆有學術背景，ACB也為自己生產研究成果的能力感到自豪。

接下來的十年裡，這三個組織主導了打擊生物科技巨獸的這場戰役。他們受到三項公民權益相關信念支撐，也認為這些公民權利，正受到快速擁抱農業生物科技的政策所威脅：安全食品系統的權利、健康與永續環境的權利，以及公民選擇權（包括人們對於吃下什麼食物的所知權，以及農民自由選擇種子，種植各式作物的權利）。簡而言之，他們尋求對於種子不同的、更廣泛的主權——大眾聲音在評估生物科技風險及價值時，將更受重視。至少某種程度上，這種主權是在知情的公眾選擇基礎上運作。這些行動份

11 請參考看守生物網站：http://www.biowatch.org.za.

12 二〇〇七年，SAFeAGE宣稱自己擁有二十五萬之多的成員，以及一百三十五個網絡組織，國際之間也有三十五萬成員，共同為一致目標努力。

子相信，規範承諾理當和相關知識一併考慮，管制體系也應該採納這些規範。他們同時相信，南非基改生物發展和應用，掌握在極少數科學家手中，缺乏能見度，沒有經過適當監督，而政府或任何相關人士也都沒有提供有效、負責任的獨立監測。最重要的是，這群行動份子認為基因轉殖科學無可避免地與外在個人利益結合，阻礙了農耕的不同方式，諸如儲存並分享種子、執行以農夫為主的研究，以及在合作、有機的基礎上耕作[13]。這些組織認為，基改生物是國際企業掌控南非農業的特洛伊木馬，可能造成使南非小農越來越貧困的後果。考慮到南非殖民及種族隔離歷史，行動份子認為這項剝奪的威脅，影響將會相當深遠。

這些考量因素，將南非行動份子與國際組織的距離拉近，例如綠色和平、巴塞隆納的國際基因資源行動（Genetic Resources Action International, GRAIN），以及馬來西亞的第三世界網絡等組織。這些組織都曾舉辦反基改生物活動，也都曾和南非行動組織分享資源。他們的資金來源有倫敦蓋亞基金會、總部位於阿姆斯特丹的HIVOS，以及德國的GTZ組織。南非當地行動份子，則與安全食品聯盟、南非消費者機構等消費者權利組織，以及非洲地球生命組織及南非有機農業聯盟等環境權利組織合作。這些組織之中，沒有一個是大型組織或資源豐富的團體；多數組織的成員是一串網路郵件聯絡人清單，加上兩三個偶爾聚在一起，為在地活動工作的協調者。然而，事實上這些組織的力量和彈性，來自於緊密的個體關係、彼此共有的歷史，以及組織基礎的共同成員，這些因素使他們得以一同舉辦更多活動。舉例而言，二〇〇二年SAFeAGE在南非約翰尼斯堡永續發展世界高峰會期間，吸引國際與在地行動份子網絡，共同舉辦幾個與基因工程相關的公共活動。行動份子和基因改造支持者在活動中發生衝突。簡單來說，這些組織強化國際與在地行動份子網絡，而他們的共同關心則為永續發展、生物多樣性、農民權利等議題，並將行動份子注意力帶到基因轉殖技術的威脅。

這些組織在國內努力運動，激起大眾對基改生物的公共意識與質疑，特別是在一九九八年後，種子公司開始販售蘇力菌抗蟲棉花給南非誇祖魯·納托爾省（Kwazulu-Natal）境內馬卡哈西尼平原（Makhathini Flats）地區的小農——這群小農亦為南非第一批接受基改種子的農民——而南非政府通過基改白玉米時，也讓白玉米成為第一種全球核准的基改主要糧食。行動份子認為這些發展對消費者和非洲小農而言都相當危險，因為這些基改作物、糧食有「對人體健康與環境全新且難以預測的風險」[14]。行動份子認為政府魯莽發展一套不負責又可悲的監管配套措施。因此，這些組織將大部分反擊生物

13 一位協助舉辦許多工作坊的看守生物推廣工作者，在一場針對小農的工作坊中表示：「我認為政府尋求的是新的、『文明的』做事方法，而不去正視，是什麼讓整體社會即使沒有政府介入，也能持續運作。政府應該好好聽取基層人民的心聲。」

科技的重點策略，放在政策及監管面。

南非反基改行動份子發現，這輛基因工程列車不可能停駛，除非監管體系能從少數科學家及立法者定義的「完美科學」監管面紗後頭露面，公開給大眾審查、問責，提高能見度。因此，行動份子的策略重點，原則上是擴大上述討論面向的風險評估主權。他們同時也希望能放寬監管體系做決定時的風險管理標準。其中一個目標是全面為基改食品貼標籤[15]。另一項目標，則是要求擴大環境影響評估標準，讓社會經濟因素也包含在內。舉例而言，一些行動份子認為，若採用基改種子將使農民不得不執行艱難而昂貴的非基改「庇護」，那麼那些花費，就必須把是否通過特定種子的決定納入考量；換言之，不應該由新科技主導農業體系。

行動份子在推動監管體系時，握有兩項主要資源：一是卡塔赫納生物安全協定，要求執行環境影響評測，開放大眾參與監管過程，並於評估科技影響時，也將社會與經濟標準納入。南非有理由認真看待卡塔赫納生物安全協定，因為在協議協商時，南非是「有志一同」團體（Like-Minded Group）的一員，而且南非積極希望領導區域內基改生物的生產與貿易。南非確實十分渴望在國際間得到信賴，也成功獲選為卡塔赫納安全協定跨國委員會一員，此委員會成立目的，在於有效實行卡塔赫納生物安全協定。然而，二〇〇〇年時，基改生物法案在協定簽署前便先行生效，而法案特質與生物安全協定並不一致。南非擺盪於兩個誘惑之間——一是成為參與國際組織的負責任公民，另一個則是領導新科技發展——於是，直到二〇〇三年八月，南非政府都並未正式簽署卡塔赫納生物安全協定。

反生物科技行動份子同時也更廣泛參與各組織及其他團體，共同推動政府簽訂協定，確保生物科技議題，在政府議程表上的優先順序。政府一旦簽訂，官員便認知到協調環境管理、專利保護、植物育種員權利等政策工具的需要，也包括由基改生物法案提供的生物安全框架。反基改行動份子為了達到這項要求，持續向政府施壓，堅持提出專家及大眾意見、參與公共集思與回饋討論、舉辦公共遊說活動，特別是針對基改生物強制貼標籤這樣具有爭議的議題[16]。卡塔赫納生物安全協定因而為行動份子團體提供了重要動力，推動政府重組農業生物科技監管框架，增加行動份子本身在過程中的參與。透過這樣的參與，行動份子將針對生物科技爭論，持續圍繞基改生物法案的修改討論——

14 這句話引自安全食品聯盟（Safe Food Coalition）行動份子，於一九九九年八月在南非比勒托利亞衛生部外的抗議行動。這次行動警示意味特別濃厚，因為行動份子四處發送傳單，傳單內容則將基改生物與癌症、過敏反應及食品、飲用水污染連結在一起。

15 行動份子發起貼標籤的兩個原因，一是消費者可以選擇吃什麼食物，另一項則是一旦新科技出了問題（許多行動份子相信一定會出問題），責任便可追溯到生產者，而不是全由「受害者」承擔。

特別是與貼標籤有關的問題，以及大眾知的權利——這些行動都廣受大眾關注。

另一套他們可以參考，用以追尋目標的資源，是可應用於基改生物上、較寬廣的國家監管機制，因而也限制了基改生物法案所允許的榮景。其中最有關的，是一九九八年國家環境管理法案（the National Environmental Management Act, NEMA），廣泛規定大眾參與可能影響環境的相關活動。這項法案在經年累月商議後，終於通過，環境正義行動份子則在過程中積極參與。有鑑於此，控管基改生物法案的南非環境事務與旅遊局（the Department of Environmental Affairs and Tourism），比起農業局，對公民社會更為開放。環境事務局對由基改生物造成的環境影響更感興趣，行動份子因而利用這條管道，確保重修的基改生物法案，採納涵蓋更廣泛且更謹慎的國家環境管理法案。

行動過程中，行動份子從種族隔離歷史轉變中，因民眾對民主及公共責任的要求更多，而得到協助。舉例而言，行動份子訴諸南非二〇〇一年資訊取得促進法（the Promotion of Access to Information Act of 2001），因而得以緊密監督政府決策。該法案目的在使政府活動更加透明。另外，還有二〇〇一年行政正義促進法（the Promotion of Administrative Justice Act of 2001），該法案則在公民社會組織要求下，要政府機構解釋自身行動及決策。南非大部分的農業生物科技論戰，皆由行動份子運用這些工具向立法者施壓，並要求立法更為謹慎。

南非行動份子這項策略運用，在看守生物組織針對南非農業部採取的兩項法律行動中，最為明顯。第一項是行動份子於二〇〇二年八月提出的訴訟，要求基改生物法案的司法註冊部門提供看守生物組織全面的風險評估資料，此乃根據南非憲法第三十二節第一項——「取得資訊權」。第二項則是看守生物於二〇〇四年四月針對司法授予先正達公司（Syngenta）進口、實地測試並公開上市基因轉殖玉米Bt 11 maize這項決策所採取的法律行動。看守生物贏得第一項法律訴訟，然而其中卻發生了一個詭譎的轉折——法庭要求該組織償付以利益方從中介入案件的孟山都公司訴訟費。訴訟過程中，孟山都相當保護他們提供給政府風險評估的資訊，並將這些資訊視為公司所有。看守生物必須償付的經費十分高昂，因為孟山都介入，導致他們必須準備昂貴的宣誓書，解決孟山都提出的問題[17]。看守生物組織並未贏得第二項訴訟，部分原因很可能是組織沒有能力再召集個別科學專家，評估先正達公司的資料。

看守生物因為幾項目標而行動。其一是為了設計有效對策，盡可能了解基改生物法

16 如我們於第四章所見，基改生物貼標籤的衝突，對於歐洲農業生物科技政策有舉足輕重的影響。類似衝突則在全球都曾發生，維持了這項新科技的爭議。二〇〇八年六月，卡塔赫納生物安全協定會員會議，終於允諾設立一整套與責任相關的國際規範，並決定於二〇一〇年的會議上，重申基改生物對健康及環境造成的損害。這項決定讓基改生物貼標籤的法案，更可能通過。清楚標示基改生物，可為責任追溯建立一條捷徑。

案下確切的評估過程；其二是撬開大眾監督過程；其三則是試圖在生物科技管理政策中，要求運用「風險規避與謹慎方法」，以及國家環境管理法案。先正達公司訴訟案，展現了最後一項目標的重要性，同時也是看守生物在兩方面嘗試打通監管過程的努力：首先，司法透過許可實地測試及產品上市，快速追蹤核可過程。此過程不僅有損實地測試，也和環境管理的風險規避及謹慎措施相互矛盾。其次，先正達公司阻撓了實地測試階段，其風險評估因此無法涵蓋有意義的在地資訊，而必須仰賴在美國執行的研究，以及不完全相似的產品訊息。看守生物組織辯論，這樣的風險評估方法，和國家環境管理法案參與管制的要求相互矛盾，沒有顧及對**在地**生物多樣性的潛在影響。這個方法使人對科學「事實」的可轉移，及評估科技轉移時的知識互文之間的關係，產生了疑問。這讓看守生物組織更強調以科學為基礎、獨立、在地且廣泛公開的立法原則。

反基改行動份子學會如何操控監管過程，而他們的持續施壓，造成了相當大的影響。二〇〇三年，行動份子協助向政府施壓，使之承認在監管基改科技方面的不足，並同意修改基改生物法案，使法案與卡塔赫納生物安全協定與國家環境管理法案得以協調。此協調過程歷經拖延，行動份子則一再挑戰向政府申請核准的基改生物應用，並持續施壓。舉例而言，二〇〇四年六月，一群行動份子聯盟，針對一項由半國營組織——農業研究委員會（the Agricultural Research Council, ARC）的基改馬鈴薯實地測試申請案，提出多管齊下的反對意見。行動份子控訴，ARC並未即時提供資訊，開放民眾參與監管過程，此過程也未將所有基改馬鈴薯可能對環境造成的威脅納入考量。行動份子同時也控訴，ARC申請案並不符合環境保存法案、國家環境管理法案、基改生物法案等相關要求。

特別值得注意的，是行動份子根據國家環境管理法援引的條款：（a）有鑑於目前關於決策及行動後果的有限知識，有必要採取風險規避及謹慎措施，以及（b）「行動份子的社會、經濟及環境影響，包括優缺點，都要一併納入考量，進行評測與衡量。任何決定都須經過這樣的考量及評估後，認為恰當，方能執行。」挑戰者認為基改馬鈴薯申請案並未達到任何一項法律要求，不僅因為更大的環境風險目前還是未知數，也因為這些基改馬鈴薯**「不可能」**使貧窮小農獲益。這樣一來，種子就會有十項專利、更加昂貴、使小農負債，作物也不是為了增加產量而進行基因改造，消費者最後可能也根本不會吃到這些作物。這是相當新穎的論點，訴求現有法律，為監管決策提供更廣泛的標準，可能改變這項新科技**內在**價值與意義。對於這些標準，要求評估基改科技減輕貧窮

17 看守生物一路上訴至南非立憲法院，如此一來，資源極少的公民社會組織，也能代表大眾利益向政府施壓，要求政府更大的責任與透明度。二〇〇九年六月，南非立憲法院終於一致贊同看守生物的立場。

的可能，行動份子所持有的態度是懷疑。行動份子這項挑戰，展現他們企圖將監管規範推向更為謹慎、涵蓋更廣，且更加透明的方向。

行動份子此次的基改馬鈴薯挑戰，乃行動份子運動中的一小章節，步驟可歸類為「仔細檢查、公開、反對」。看守生物組織與亞洲生物科技代表大會（Asian Congress on Biotechnology, ACB）兩個組織，尤其關注每項基改生物申請案，針對每項申請提出警告。二〇〇四年，ACB早在美國和加拿大尚未核准申請案前，先行反對由南非孟山都公司提出的基改小麥食品及飼料安全大清倉申請。同樣的，ACB也針對農業研究委員會，以及半國營組織——科學與工業研究委員會（Council for Scientific and Industrial Research, CSIR）符合營養鑑定的高粱提出質疑，因為高粱乃一種非洲傳統作物，很可能被壟斷，並導致在地無數高粱品種滅絕[18]。這些反對意見力量逐漸匯聚，癱瘓基改生物的監管機構。二〇〇五年年度報告中，基改生物法案執行委員會主席表示：「今年是第一年，反基改生物運動積極針對每項（基改生物）申請案提出質疑。儘管這點顯示，公眾參與在基改生物監管過程中逐漸增加，但同樣值得注意的是，申請過程耗時相當久，將為監管過程帶來負面影響，也會讓產業對政府管理公共參與的能力更加不信任。」

然而，若說經營公眾參與是政府考量，那麼行動份子的目標，就是擴大公眾對議題的參與。基改生物法案經過修正後，行動份子極力推動擴大立法，通知大眾基改實地測試相關時間及地點，讓在地居民得以適時回應此項議題。同時，他們也堅持繼續全面的基改生物標籤運動，SAFeAGE則強力遊說這項要求，按照憲法規定消費者有權選擇食物，列入消費者保護法案中。同時，ACB根據環境法案的「汙染者負責」原則，呼籲全面為基改生物貼標籤，適時保護農民免於受責。基改生物法案通過十年後的二〇〇七年七月，行動份子成功說服環境部針對基改生物貼標籤要求，召集公開的國會公聽會，舉辦一場相關的公開活動。一年後，南非貿易及工業部（the Department of Trade and Industry）組合委員會（Portfolio Committee）面對來自農業部及衛生部的強力反對，仍建議法案要求基改生物產品貼上標籤，儘管委員會還是略微修改了草案，去除為基改生物「性質及範圍」貼標籤的要求，並將這些要求交由農業部決定。農業部希望維持基改生物法案的相關要求，而衛生部則嚴格遵守實質等同原則。

雖然結果是「軟性」標籤政權的產生，它同樣也代表了這一小群行動份子，取得具有意義的勝利。他們的運動始於一九九九年七月基改食品貼標籤請願活動，當時衛生部尚未將大眾意見納入決策商議。其後九年內，基改標籤曾經二度即將立法，卻又二度遭

18 二〇〇六年，南非監管當局接受ACB這項質疑，拒絕了高粱申請案。然而二〇〇八年時，案件經過重審，這項申請案的溫室試驗（greenhouse trails）獲得核准。

到撤下。反對意見主要來自政府機構，及南非工商總會（Business Unity SA）。這些機構認為全面貼標籤不僅所費不貲，技術上更是相當難以克服。另一方面，反基改行動份子，則將這些發展奉為農業生物科技監管規範的一大轉變。

永續爭議的科技

二〇〇五年，伊恩・斯庫恩斯（Ian Scoones）針對南非農業生物科技衝突，如此評論：「十年前，基因改造在南非並不是一項太受關注的議題。南非政府、產業及一小群科學家為它訂下了規則。如今卻完全不是這麼回事。高調的法庭訴訟案、持續的示威活動、基改議題在媒體間日益受到關注。這項議題與立法者、官僚和科學家的長期周旋，在在都顯示，基改爭議已受到更嚴格的監督。」監督最重要的影響，並非成長迅速的反基改生物公眾意見；基改議題爭論相當兩極，意見雙方的國際網絡也彼此衝突，而公眾對基改生物的知識始終相當分散、參差不齊。相對的，這項審查的影響，在於一小群投入甚深的行動份子，他們參考在地與跨國網路提供的資訊，獲取支持，向政府等監管機構持續施壓，使基改科技監管相關議題，成為一項永恆的爭議。

不同層面而言，非洲其他國家也發展出相同模式——評論者從不間斷的反對聲浪，因為食品援助危機而起、更加嚴密的監督，讓政府處於強烈矛盾的壓力下。面對來自行動份子與公民社會批判組織的審查，非洲政府認清有必要建立有效監管框架。然而，同樣的審查力量，也迫使政府十足緩慢而刻意的，建構起生物安全架構及生物科技政策，而不只是簡單採用農業生物科技支持者所推動的，建立在南非基改生物法案上的寬容監管架構。儘管具備研究能力的政府機關推動基因轉殖研究，生物安全規則相關要求的不確定，仍舊阻礙了科學家的研究工作，他們深怕自己最後沒有達到尚未經過確定的標準要求。

多數非洲國家於千禧年後的十年內，試圖加強本國監管能力，致力通過生物安全法律架構，與卡塔赫納生物安全協定內容一致。然而跨區域生物安全法律框架之間的協調情況，仍舊不甚明朗，生物科技產業發覺自己的處境不太公平：缺乏健全的管制系統，產業無法順利將產品上市。在行動份子團體的嚴密監督之下，他們只好開始試著利用較薄弱的監管制度。舉例來說，二〇〇五年八月，肯亞農業部長下令摧毀所有實地測試基改抗蟲玉米，因為這項作物的環境影響，尚未經過徹底評估。肯亞這位農業部長的決策，點出了「農產科學家逐漸興起的傾向，以及來自國際合作夥伴的壓力，想要盡快或走捷徑，取得研究計畫核可。」二〇〇八年，肯亞行動份子團體於在地作物中，發現未經核可的基改玉米，和來自南非的種子一併種植，因而爆發集體公憤。於此同時，非洲行動份子持續強調生物科技對環境及健康，將造成程度不確定的影響，以及國內可能允許外國公司，透過對生物科技智慧財產權的權利主張，掌控在地農業體系。因此，隨著監管體制建立的速度減緩與其爭議，有關生物科技影響與風險的爭論也更加激烈、範圍更廣泛。

斷言行動份子的爭議政策，使非洲全面禁止基改生物，那是錯誤的說法。二〇〇八年末，布吉納法索加入南非陣線，通過國內基改玉米生產，埃及也迅速朝此方向前進。然而，生物科技發展因為行動份子的頑強抵抗，產生了巨大轉變。首先，農業科技科學封閉的世界大門敞開，參與新科技的監管聲浪從四面八方湧入。反對與支持方也都開始拉攏「缺乏資源的農民」，讓農民有更多機會，與政府針對生物科技發展的挑戰和選擇，進行對話。的確，儘管行動份子團體在東非與南非，都曾從中協調農民團體，使團體組成更為多元，形成地區內不同國家抗拒基改生物的反對力量，正反雙方的農民參與，還是相當零星不平均[19]。然而，隨著科技選擇策略相關爭論越來越開放而廣泛，農民的興趣和關心也成為種子發展的考量之一，基因轉殖科技在非洲農業發展的中心領導地位，因而遭受質疑。

與農業科技發展及資源分配相似，或說具有意義的新觀念潮流，在跨國政策制訂中出現。二〇〇七年，跨國、有活力的全新組織——非洲綠色革命聯盟（the Alliance for a Green Revolution in Africa, AGRA）成立，旨在復興非洲小型農業，結束非洲廣泛的飢餓與貧窮問題。該組織主要由比爾與美琳達・蓋茨基金會（the Bill and Melinda Gates Foundation），以及英國國際發展部（the British Department for International Development, DfID）贊助。AGRA為了增加非洲在地農產並減輕貧窮問題，花費相當大的力氣，建立科學與科技解決方法。DfID主要科學顧問顧爾登・康威（Gordon Conway），曾任洛克菲爾勒基金會（the Rockefeller Foundation）董事長，也是基因轉殖科技的熱情擁護者。然而，AGRA卻刻意拒絕強調基因轉殖科技是其中一項解決方案，使得生物科技支持者大失所望[20]。AGRA採取這樣的立場，原因有三：一是農業與食品危機嚴重性，需要基

19 同樣的情形也發生在印度，當地行動份子與農民行動份子，企圖針對議題動員農民，也就是種子將對他們造成的影響。

20 AGRA宣稱自己的優先考量是發展更好、更適合在地的種子。然而，AGRA運用的組織語言，卻清楚顯示他們不會獨厚基因轉殖科技：「聯盟還透過集體計畫，應付這些挑戰，我們將農夫與科學家湊在一起，發展、散布適合在地環境的種子，同時我們也支持基因多樣性，以及農夫儲存種子的權利。聯盟的『非洲種子系統計畫（Programme for Africa's Seed Systems）』贊助非洲新興農業，培植傳統玉米、木薯（cassava）、豆類、稻米、高粱與其他種類作物，增進這些作物對災害及蟲害的抵抗力。我們的目標，是在未來十年內，發展並釋出多於一千種改良的作物品種。」

因轉殖研究與發展所無法提供的，更迅速且廉價的策略。第二代稻作增加或基因轉殖多樣營養增加的相關投資，還不足以構成新綠色革命的支柱[21]。再說，各種證據顯示，傳統植物育種與非基因轉殖生物科技技術，一樣可以很成功。這些領域的確是非洲公共研究機構最有辦法掌握的，也已經與國際機構建立有效聯盟關係，例如國際玉米小麥改良中心（the International Maize and Wheat Improvement Center），與國際農業研究諮商組織（the Consultative Group on International Agricultural Research）等。第二個理由，也是逐漸發揮影響力的論點，即新科技應當適應在地監管體制能力範圍與選擇，而非由在地監管體制適應新科技。確實，AGRA首要目標之一，是啟動一項新計畫，訓練非洲作物育種員「運用或應用植物育種，種植非洲在地作物，針對在地環境……發展有效方案，協助非洲農民解決長期以來的問題。」

第三項原因，是基因轉殖科技在長達十年的爭議後，已然成為解決農業問題的絆腳石。一切與這項新科技相關的發展及資源分配，都需要將行動份子可能的反應，以及大眾意見的影響，徹底納入考量。不論他們本身願不願意，行動份子都已迫使產業與立法者，暴露在全新且令人不快的能見度中。再者，AGRA清楚明示，若農業生物科技要扮演解決非洲生產力與飢餓問題的關鍵角色，必然要採取不同的方式[22]。直到千禧年頭十年最後一段時間，關於農業生物科技只在不斷本地化的過程中有效，以及必須獲得廣大公眾支持與資源的論點，逐漸在先前缺席的政府官員與政策制訂者的圈子裡傳開。諷刺的是，也許傳統育種過程中的「緩慢賽跑」，會轉變為更快，抑或是更豐富、永續的生產力[23]。大家若認同社會運動影響方式之一，是**改變思考問題時的慣常思維模式**，那麼反生物科技行動份子，便在這種轉變中，扮演了重要的角色。

21 AGRA在為作物育種員舉辦的訓練課程中表示：「大多數非洲重要作物——木薯、高粱、小米、車前草、豇豆——也就是所謂的『孤兒作物』（orphan crops），對已開發國家研究員與教育者而言，並不是太重要。因此，非洲非常缺乏這些作物的育種員。譬如全非洲的小米培育員少之又少，次撒哈拉地區的民眾，卻又多以小米為主食。相對的，多數高於三百五十億美金的農業研究私人公司投資，都聚集在北美與歐洲一些商業作物上。」

22 二〇〇七年的一場訪談中，一位南非龍頭科學家，惋惜表示洛克菲爾勒基金會，雖然長久以來穩坐生物科技解決方案寶座，卻也不斷拒絕支持基改生物，不願承認基改科技是非洲農業解決良方。（二〇〇七年七月三十日與南非科學家的訪談）

23 二〇〇七年十月，玉米育種網絡（the Maize Breeders' Network）——一個東非及南非玉米培育者、種子生產者與農業發展專家的組織，呼籲更迅速的在地傳統作物監管核可程序。AGRA團體也曾帶頭呼籲。

結語

許生物科技一個不一樣的未來？

社會運動透過許多方式造成改變。有些影響立即而明顯，例如政策轉變；有些則需要花上更久時間，才能醞釀成形，好比文化層面的改變。有些影響短暫且可逆；有些卻可能造成整體社會及政治體系的變化。因此，衡量一項運動的效能，抑或運動是否「成功」，事實上相當複雜而具挑戰性。有關生物科技的衝突，情形也是如此。

若我們以生物科技運動的核心願望——農作物生產及食品製造過程中，禁止使用基因轉殖科技——作為運動是否成功的衡量標準，那麼答案是否定的。如同前幾章所述，即使運動在歐洲成效驚人，其他地區的行動份子，也並未達到相同目的。美國的生技產業完全不理會試圖阻止重組牛生長激素的運動，徹底打壓基改食品標籤運動。部分非洲地區尚未核准基改生物進口之前，基改種子已緩步進軍種子供應市場[1]。一九九六年起，全球主要基改作物種植範圍，也已穩定擴張。九〇年代末至世紀之交的大變動後，農業生物科技公司再度站穩陣腳，享受市場帶來的巨大成功。本書開頭提及的產業焦慮感，至此已全然煙消雲散。

大環境的轉變，對於重燃農業生物科技相關論戰而言，相當重要。本世紀頭十年最後，急速飆漲的石油價格，激起許多政府對擴張農作物工業生產，以及製造生物燃料的興趣。無獨有偶，二〇〇八年春天，全球食品價格達到前所未有的高價，顯示已潛伏好些時日的全球食品危機，急遽惡化[2]。生物科技產業與其科學及政策制訂相關團體，迅速利用這些發展獲利。幾乎就在全球食品危機於媒體曝光的同時，這群聯盟便開始爭論，是人類接受基改科技，拋開對生物科技「不理智」恐懼的時候了，因為這項新科技，已成功被人類運用長達十年之久。他們抓準時機推動這些理念，熱切向政府呼籲鬆綁生物科技監管限制，允許科學家與產業透過生物科技，持續提高農業生產力。正如二〇〇一至〇二年間中非面臨飢荒的情況一般，這群生物科技支持者，將矛頭指向一小群菁英行動份子，指責他們阻撓世界飢餓問題的解決方法，大力抨擊行動份子，對於正在受苦受難的貧困者漠不關心。

這樣的情況下，反生物科技行動份子對生物科技的批判遭受龐大壓力，因為這項新科技，理論上可以提高農業生產力，且看似足以解決農業所面臨的新挑戰，包括對食物的高度需求、非化石燃料的探索，及氣候變遷問題等等。的確，基因轉殖科技並未造成任何明顯的環境或公共健康災害、許多農夫對新科技的熱忱，以及新科技降低的勞動成

1 印度的情形也相同。

2 根據聯合國糧食與農業組織，二〇〇五年至〇八年初，全球食品價格上漲百分之八十，使世上許多貧窮人民無法購買食物。這項危機相當迫切，導致全球各大城市的工人及消費者開始暴動，至少一位首長遭到罷黜（海地），其他幾個國家也限制農產品出口，保障本國人民有足夠的食物。即使在相對富庶的日本、美國及其他歐洲國家，消費者也減少購買昂貴的蔬果與肉類，選擇購買價格較低的食物。

本，都讓行動份子不屈不撓的立場，亦即農業生物科技完全沒有優點的觀點，逐漸變得難以立足。到了二〇〇八年底，結論已相當清楚——農業基因工程將繼續發展，成為全球農業重要的一環。

然而，今天的農業生物科技世界，並非產業先前描繪的那樣。從許多重要層面來看，布魯斯．史濟林在美國食品與藥品法律研究機構會議上所言：「未來不再是它以前的樣子了」。生物科技與生技產業，都沒有依照支持者期待的路徑，蓬勃走向成長與發展。但若生技產業可以選擇，的確沒有人會質疑這些科技的使用，或擔心科技將對環境造成什麼影響。基因工程會廣受各國採用，應用在不同種類的農作物。產業將受到法律規範，卻不影響產品順利打進全球市場。生物科技可能近來才開始努力，試圖取得智慧財產權，然而這項新科技對人體健康或環境潛在影響的評估，已非新鮮事。專利基因的出現，可能會被視為解決農業生產問題、蟲害管理與全球食品生產的主要方式。

然而，對基因改造的期待或希望，直到二〇一〇年左右，已大幅降低。基改作物和產品，被主要市場及特定民眾拒於門外。將一些主要基改作物上市的計畫，像是基改小麥和馬鈴薯，也遭到擱置或延遲。在印度和巴西等國，基改作物不再受企業掌控，因為在地農民與種子生產商，已開始自行培育種子[3]。各國與國際間，也建立起管制及管理生物科技的新體系，擴大參與決策的人員面向，使得政府在採取與推動新科技的議題上，有更大的發言權。關於生物科技是新興科技的議題，是道雙面刃：儘管產業公司成功說服法庭、專利局與大眾，生物科技是革新科技，這樣的宣言，卻也使得大眾對新科技造成的健康與環境影響十分憂心。一些由反基改行動份子提出的問題與顧慮，也進入相關監管政策與公司投資政策的決策程序中。最明顯的例子，是政府監管政策納入環境風險指標，而消費者所知權議題（特別是基改食品貼標籤），同樣也成為重要的考量。此外，生物科技產業如今在做是否投資特定新科技的決定時，也將監管長期成本及可能引發的社會反彈納入決策考量。事實上，農業科技發展的認知框架與制度環境，已經歷大幅轉變。

農業生物科技確實已在過去十年內泛政治化，其主要開發者（大型跨國企業）與支持者（多國政府），也受到嚴密的公共監督。隨著越來越多領域參與者，特別是來自南方世界的參與者，加入協調生物科技發展的行列，生物科技範圍越來越廣。這些參與者來自在地農民組織、公共研究機構（包括以大學為主的生物相關系所），乃至國際援助

3 羅恩・赫靈（Ron Herring）於二〇〇七年出版的書中，詳細解釋印度農民與種子供應商，非法複製並使用孟山都專利種子技術。他將此過程形容為「無政府資本主義」（anarcho-capitalism）。巴西農民亦於基改生物在二〇〇五年合法前，便開始種植基改種子。孟山都唯有在開啟徵收專利稅的後收割系統（postharvest system），才能名正言順在巴西與阿根廷等地，收取智慧財產權費用。

機構、慈善組織與私人基金會等。多數這些團體，都承諾將協助農民提高農業生產力、減輕飢餓與貧窮，幫助貧困的農民。其中一些團體，認為現代生物科技，是唯一能達到這些目標的現實手段，像是國際農業生物技術應用服務組織（the International Service for the Acquisition of Agri-biotech Applications, ISAAA）、非洲農業科技基金會（the African Agricultural Technology Foundation）、美國國際開發署（the U.S. Agency for International Development）等機構。其他團體，如樂施會（Oxfam）和非洲綠色革命聯盟（AGRA）等組織，卻對這項新科技的缺點相當敏銳——至少在生物科技過去二十年的發展中——也就是新科技兌現承諾的能力。的確，廣大的生物科技支持者，似乎也逐漸達成結論。正如二〇〇八年八月，支持生物科技的期刊《自然生物科技》（*Nature Biotechnology*）所言，基因轉殖科技能為世界提供最有效的療方、食物與燃料等資源的宣稱，是「向宗教靠攏、令人髮指的信仰行為」[4]。AGRA主席，前聯合國秘書長科菲・安南（Kofi Annan），反思這項幾經考量的觀點後，明顯表態，認為基改生物不可能成為非洲農業發展的關鍵方法，因為生物科技已嚴重政治化，甚至可能阻礙全國農業生產的解決之道。同樣的，一些贊助組織，譬如洛克菲爾勒基金會，認知到生物科技崇高的目標根本不可能達成，也將部分焦點自基改科技轉移開來。簡言之，全球對基因工程可能的想像已明顯轉變，更別提不斷追求這項新科技。

類似的轉變也在各地與全國發生，各團體顯然相當關注維護科技決策時的農民利益，發展政策也逐漸扮演要角。這些團體中，多數為公民社會組織與農民聯盟。他們以**非行動份子**身分參與議題，對基因轉殖科技的潛力及前景，進行更為批判、細膩的觀察。他們明白農民與貧窮人民面臨的挑戰，牽涉複雜的社會經濟、政治與制度根源，因此需要不同面向的策略運用。對他們而言，科技很重要，但科技所扮演的角色，不過是需求的其中一部分罷了。若非與其他政治、經濟與制度改變放在一起，科技潛力也確實容易受到限制[5]。他們也發現，有必要協助爭論避開極其無聊的基改或非基改未來二元對立論，讓研究與資源，有更多選項。

基改生物開始商業布局的十五年後，這項新科技確實已散布到世界各角落。然而，這種散播卻不以支持者期許的方式進行，生物科技也已成為我們身處的時代中，一項高度爭議的科技。二〇一〇年初，關於農業生產力挑戰，與二十一世紀永續發展的潛在解

4 《自然生物科技雜誌》，二〇〇八年。「療癒、啟動、餵養全世界」（Heal, fuel, feed the world）是由二〇〇八年六月在加州聖地牙哥舉辦的年度生物科技產業組織會議所發起的口號。

5 二〇〇八年國際農業發展知識、科學與科技評估（the International Assessment of Agricultural Knowledge, Science and Technology for Development）結案報告裡，清楚揭示了這些新思考方向。非洲綠色革命聯盟的工作，以及近來由蓋茨基金會贊助的農業決策，也顯示了相似的結果。

決方案，看來已經遠比十年前更為開放。評估這些解決方案的標準，也已顯著擴大；參與辯論的聲音來源，也較以往更多。生物科技路徑大幅改變，新科技的未來曾經如此清晰被支持者勾勒出來，如今卻不再確切。

評估功效：反生物科技行動主義如何造成影響

此書目的在於解釋反生物科技運動，對上述各結果的影響。然而，從我們方才討論過的矛盾情形便可得知，這並非一項直接的分析工作。行動主義的因果影響，不論針對運動目標或整體社會而言，都很難單獨觀看或衡量。這些影響往往種類繁多，而且不是那麼直接，很大一部分仰賴我們如何解釋和評估運動的影響。最簡單的評估方式，就是檢視和行動份子需求相關的公共政策，是否造成了改變。儘管如此，這項評估標準也很可能出錯。許多分析師都曾經指出，公共政策成形，是因為許多因素的聚集，其中包括公共意見、不同程度的選舉競爭、特別利益團體（包括社會運動組織），以及專家主權。的確，改變的過程，例如政策轉變，不只是由行動份子的行動定義，或由他們與對手引發的爭論定義。行動份子只是複雜的政治互動領域中，社會與政治參與者的其中一分子，也並非所有行動份子都加入這場爭論。由此可知，社會運動對社會與政治現況的影響，來自一連串行動份子也無法掌控的因素。因此，一項社會運動最重要的影響，很可能不和行動份子的目標直接相關。馬可・吉尼（Marco Giugni）教授與同事發現，運動可能以出其不意的方式影響政治、文化和政策，事實上，運動目標也很可能不那麼受歡迎。這點就跨國衝突而言尤其真切，因為政治機會空間、參與者本身與爭議之間的互動關係，本質上都相當複雜而多層面。

這些複雜性，使我們質疑社會運動的「成」與「敗」，究竟有多少可歸功於運動本身的努力，還有究竟得失成敗，是否為評估一項運動影響最恰當的度量衡。較有用的方式是去追問：社會運動對社會與政治改變，究竟造成了哪些影響？這種「運動如何影響」的追尋途徑，含有研究社會運動影響的幾項意義。首先，我們需要超越社會運動透過策略行動**想達成**的目的，轉而把焦點放在改變的過程，也就是社會運動在追求目標時的**實際行動**。這樣的切入點，明顯認知到運動的影響，和一系列複雜事件有關，包括許多利益相關者和其他參與者。這也代表，我們不可能將一項運動行為的影響個別化，或是斷言一項特定行為，最終導致了某種結果。對不同層面的跨國運動而言確實如此，這些運動影響在不同空間及高度間「回彈」。若以刻薄的方式解釋，很可能也會曲解特定因素的實際影響。

「運動如何影響」的評估方式，同時也顯示運動以不同方式造成影響，並在不同程度上，證明了運動本身的效益。有些影響特定而直接；例如一項運動可能迫使政府改變某項政策，抑或改變制度的操作過程，譬如要求公司針對廢棄物排放，執行環境影響評測；有些則更為廣泛，長期下來也可能更明顯。舉例來說，絲薇雅·特許（Sylvia Tesh）表示，美國環境運動最重要的影響，就是改變大眾對環境的態度，造成長期文化轉變。一些社會與政治改變的過程，不必然由運動策略導致，然而，卻不可能在沒有運動的狀況下發生。若我們要將這種過程納入考量的話，就有必要去問違反事實的問題：如果沒有這項運動，改變的狀況和過程，是否更加困難？不詢問運動的「成功」，而以更廣闊的政治參與因素、制度和歷史緣由，觀察運動影響，我們便得以辨識和運動相關、範圍更廣的影響結果。

相當明顯的是，反生物科技運動是一項應該以**影響力**評估，而非以成敗論斷的運動。反生物科技行動主義最深遠的影響，就是在基改生物與非基改生物之間，建立起社會與技術層面的決定區隔[6]。這樣的二元區隔，成為正反雙方在有關生物基因工程本質和意義的辯論支柱。國際綠色和平組織，在一本激發讀者感受的書裡，將所有基改生物冠上「科學怪食」（*Frankenfoods*）的名號，明示基改食品的不自然、難以掌控，以及無法預測（對某些人來說，基改食品就是在玩一場不理智的「為自然扮演上帝」冒險遊戲）。「科學怪食」的稱號，為街頭行動劇提供了豐富的資源與靈感。行動劇是當今大型運動示威的特點。更重要的是，基改生物與非基改生物二元對立，讓行動份子得以將基因工程，塑造為農業生產力與食品供應挑戰中，難以接受的解決方案，因為基因工程可能帶來難以計算的風險，導致不可挽回的災難。歐洲行動份子將**基因改造生物**一詞，和消費者喪失食物選擇權連在一起。南方世界行動份子，則將這個詞和更深遠、非特定的風險結合，例如農民失去控制種子供應、農耕系統與土地的權力。本世紀頭十年，印度行動份子積極想證明基改棉花種植，導致越來越多農民自殺。簡言之，基改生物無可避免充斥規範與政治意涵，這些意涵使科學中立變得不再可能。

這樣看似漫無章法的框架，結果卻十分具有力道。歐洲行動份子給予基因改造的定義——不安全且未經檢驗，讓許多消費者拒絕購買基因改造產品。全球農業市場中，這些決定在生產者國家得到迴響。喪失這些國家市場，則導致農業出口的嚴重威脅。可以理解的是，許多政府對於採取廣受認定具有風險的新科技，感到格外緊張，因而在審核基改生物進入本國農業體系的過程時，他們也特別謹慎。特別是在非洲國家，許多人仰賴農業生計，經濟體系與監管能力也相當脆弱，政府因此很害怕，萬一生物科技出了什麼差錯，可能帶來的災難後果。

6 好幾位作者都曾注意到這項區隔的重要性。

行動份子透過提高先進工業國家消費者意識，讓基改生物產品的市場回饋，更雪上加霜。也使得生物科技公司，投資昂貴且高風險的研究計畫的意願更低。伴隨逐漸增加的產品開發金額，及反生物科技運動針對監管層面的行動，生技產業對基改產品更加靜默。行動份子假設自己是基改生物監督者，持續對國家監管體制提出挑戰，個別產品則在長時間的監管下延遲上市，對公司而言，這意味著成本的提高。某些時候，一項產品尚未通過監管體系審核，讓所有與該產品相關的公司深感挫折。許多國家對生物科技更嚴密監控，使生技產業投資環境不穩定，相關的新研發計畫，也必須承擔相對高的金融風險。這種情況不僅迫使農業生物科技公司修正了自己的評估——關於特定基因改造技術應用是否值得的評估——同時也讓華爾街調降對這些公司的投資報酬率的預期。這些過程，一併使得產業縮減其投資範圍。

生物科技二元框架，在南方世界造成的影響截然不同。當地許多人仍舊仰賴農業過活，農夫並不期待自己有能力買下全部的種子，特別是從外國企業主手中。基因工程研發金額相當高昂，生產基改種子的外國公司，則希望減輕發展特定農作物的投資風險，藉由挑選公司確定能立即獲得回饋的作物，以及執行專利權、收取費用，擬訂禁止農夫儲存、重新種植、培育種子的合約。生物科技支持者在基改與非基改食品間，畫出了一條界線，強調生物科技「療癒、啟動、餵養全世界」的廣大潛能。批判者也運用了那條界線，突顯企業透過對種子的智慧財產權的主張，鞏固對農民的掌控。

回到先前違反事實的疑問——**如果沒有反生物科技運動，情況還會是今天這樣嗎？**——我們如今可以很明確的說，答案是否定的。透過將農業生物科技價值問題化，不斷質疑這項新科技究竟是否對社會有益，行動份子阻撓了科技支持者，用他們自己的詮釋方式為生物科技下定義。少了反生物科技動員行動，就沒有基改與非基改產品之間，具有意義的社會區隔。產業就會享有高投資報酬率。基因改造種子會在全世界暢行無阻，迅速廣布各地。許多國家針對這項新科技的管制會更不同，也更寬容。基改農作物更可能被世人接受，作為全球飢餓問題、食品價格飆漲，以及貧困國家低農產力的解決方案，而非像今天一樣，成為面對問題的幾項策略而已。若以舊約聖經比喻，反生物科技運動的「大衛」（David），大大打亂了生物科技產業「歌利亞」（Goliath）的路徑。以這個觀點來看，反生物科技運動在產業道路上，扮演了無比重要的角色。

解釋功效：機會、生活世界、爭議角力

如我們在本章探討的，反生物科技運動力量不在數目（很明顯的，這並非一場大型運動），而在它檢視一項全球產業脆弱面的能力，以及行動份子對這項議題勇往直前、

鍥而不捨的精神。這份精神，來自所謂的生活世界。

反生物科技運動成功檢視農業生物科技產業脆弱面的能力，主要來自產業的經濟組織，特別是全球經濟組織，而產業文化也扮演了相當重要的角色。相較於其他產業（如超商與加工產業等），農業生物科技產業位於全球商品鏈上游端，與政府嚴加掌控產業的事實，使產業對於商品鏈中的一舉一動，都相當脆弱、敏感。正如我們在第四章中所述，這條特定商品鏈相互依存的關係，使得行動份子在發現自己對農業生物科技公司影響力很微弱時，得以在商品鏈中幾個關鍵點，適時介入。

新興國家與跨國管制體系，為行動份子提供了介入與影響生技產業的額外機會。不同組織與在地運動，是形塑這些體系的關鍵要角，而這些行動，也確保更嚴格的國家管制體系將順利實施，特別是南方世界國家。農業生物科技全球化，再度使這些公司對社會行動主義不堪一擊。生技公司需要獲得輸入基改食品、種子與飼料的國家官方核可，才能進口這些商品，因此，行動份子介入的機會便大幅增加。行動份子對於這些機會相當敏銳，也懂得善用這些機會。這些「產業全球化」的多元空間，共同啟動了運動的力量，超越它原本若只單純在一國之內，所能發揮的力道，而農業生物科技產業的全球觸角，事實上也正是它的致命傷。

農業生物科技產業的最後一項弱點，取決於引進基改科技的國家文化特性，以及該國人民的歷史經驗。行動份子根據本身觀看世界的角度而行動，同樣的，產業也根據被它們的生活世界中，認知為正常的世界觀和行為，採取行動。農業生物科技產業由美國充滿動力與野心的孟山都公司主導，公司管理部門深信生物科技能帶來利益，孟山都也因為對生物科技產業的龐大投資承諾，在行銷這項新科技時不遺餘力，將生技產品推向海外市場時，更是勇往直前。孟山都與其他公司野心勃勃的行動與渲染宣言，使生技產業飽受批評，行動份子指責這些公司掩蓋生物科技真正的風險，全然不尊重大眾選擇是否使用這項科技的權利。行動份子發現孟山都的舉動，往往容易激怒大眾，行動份子因而得以將孟山都塑造為企業貪婪與帝國主義的代表。

生活世界的意義

本書中，我們運用了生活世界的概念，協助大家理解：為何行動份子與生物科技產業，在農業生物科技界，纏鬥整整三十年之久。前面我們已有討論，這兩者間彼此角力的生活世界，已然爭論過關於基因轉殖科技是否為公共利益的觀點。行動份子認為，生物科技是一項充滿**未知數**的新科技，不僅對野草和害蟲等問題逐漸不起效用、無法穩定增加產量，也沒有讓貧窮問題適度減少[7]。行動份子採取的部分行動，是緩慢蒐集這些未知數的證據。每項新發現，都證明了他們對於生物科技的質疑。就這樣，行動份子的生活世界，加強了他們相信自己對新科技，以及質疑科技開發者動機和手段的觀點，都是正確的。

一系列生物科技相關規範考量，與上述認知密不可分，解釋了行動份子未達目的，誓不甘休的決心。這些規範考量——憂心「生命基礎」遭私營與商業化、無可轉圜的環境破壞、南方世界農夫受到的影響、科學被挪作私用——皆由行動份子敏銳觀察生物科技發展的政經與制度環境得出。確實，行動份子認為生物科技必須在這些體制環境內受觀察，也就是七〇與八〇年代深遠改變公私部門角色與行為的「新自由主義改革」。這項改革包括一系列法律發展，將私有財產權延伸到未知領域，譬如基因領域、基因序列，以及所有的生物等等。生技產業批判者體認到，這種制度環境的邏輯，導致生物科技公司的所作所為，因此不論產業公司設在何處，該地的行動份子，都可見識到公司對金錢與權力的貪得無厭。行動份子不再相信生命科學公司與生技產業，並對這些公司的行為，憤怒不已。

反觀生物科技支持者，則因對科學與科技發展的執著，而對行動份子的行為，深感氣憤。生物科技支持者不像行動份子，他們並未將制度環境視為科技發展的必要條件。他們的觀念是，任何特定科技的運用和價值，都在於這項科技本身必須和科技所處的社會分開來看。這樣的信念，鞏固了基因轉殖科技是**優良科技**的熱情理念，因為新科技可以為公司創造利潤，或為人類最大的難題，像是餵養不斷增長的全球人口，提供解答。產業領導者相信，市場是科技價值的客觀裁判，理當享有完全的自由，不受控制。科學家在鼓勵創意與勤奮的環境中，也將創造更多創新知識。產業與行動份子各有主張的生活世界，使生物科技充滿爭議，將雙方推向互不妥協，也令人費解的狀態中。

試著去思考這些**各有主張的生活世界**，有它們自己運轉的一套邏輯，我們也許可以更輕易理解，這些生活世界的人，在追求目標、針對另一方發展策略計畫時，所動員的運動，以及面臨的問題。重要的是，我們必須記住行動份子和產業的生活世界，彼此之間並不對等。產業生活世界的部分人認為，他們的觀點、信念與認知都唾手可得；換句話說，他們參照社會上廣為人知、通常被大眾認為理所當然的概念，以及那些毋須言說的「現實」。行動份子可就不是這麼一回事。行動份子生活世界為**反對**而生，和整體社

7 這種未知數發生在世界各地。例如二〇〇九年四月，美國科學家關注聯盟發表了一篇題為〈不再豐產：基因改造作物評估〉（*Failure to Yield: Evaluating the Performance of Genetically Engineered Crops*）的報告。報告指出，經由科學家互評的論文，大部分都認為，基改作物不可能有系統量產。德國國會技術評估辦公室（the Office of Technology Assessment），於同年同月也發表了〈開發中國家基因轉殖種子——經驗、挑戰、觀點〉（*Transgenic Seeds in Developing Countries—Experience, Challenges, Perspectives*）的一份報告，結論是因為資料來源薄弱，「中程與長遠未來，基改植物是否能為已開發農業系統，提供永續在地選項，我們目前無法得知。」

會絕大部分成員都不盡相同，因此，他們無法運用社會常理以及普世價值觀行動。誠如我們於第三章所見，這群行動份子，需要透過認真持續的思考活動，有意識建構生活世界的批判分析架構。因此，行動份子生活世界大部分經過「發聲」，而他們的社群意識，往往也自發、刻意且具有特定意識。

簡言之，行動份子的生活世界，帶有先天目的性：觀點、價值與社群結合，不僅使行動份子思考與觀看世界的方式獨一無二，更加強了他們的承諾、使命感與熱情。行動份子透過分析生物科學發展、批判生物科技社會關係，以及挑戰管制新科技所有權和使用權的法律框架，形成了反對的意識形態與論述。確實，如果沒有七〇與八〇年代由批判社群提出的思考工作，就沒有九〇年代發展起來的反基因工程運動。

正如農業生物科技奮鬥所示，思考行動份子的生活世界，幫助我們充分了解爭議政策與運動動力。最重要的是，這樣的思考，強調行動份子與其對手都是**文化參與者**的觀點[8]。他們的行動和反應，反映了特定的文化邏輯和假設。他們理解並存在世上的方式——對特定情形的假設、評估與利用資訊的方式、對於資訊來源的評價和仰賴、解讀他人行動與反應的方式——在在反映了生活世界的影響力。一個生活世界，對於一個人的影響力，可說是相當深遠。舉例而言，反生物科技生活世界中，成員間有很強烈的社群感與相近的世界觀，賦予行動份子信心，相信他們的想法是**對**的。這種認知使行動份子對於目標更為執著，即便是在極端不利的情況下亦然，因而造就了反生物科技運動經年累月的不懈努力。結果就是，反生物科技運動不願退場，行動份子對於科技影響甚大。

然而，生活世界也可能嚴格限制成員想像，導致行動份子採取策略時綁手綁腳。孟山都將基改生物引介到歐陸的方式，某方面和公司的文化理性（cultural rationality）一致，也就是不貼標籤、不經宣傳，將基改生物在歐陸上市。這就是一個絕佳案例。孟山都的文化誤讀，為歐洲反生物科技運動創造了攻擊的開口。因此，嘗試理解不同的生活世界，讓我們更了解這些生活世界行為與觀念的文化理性，我們也因而得以了解，為何他們同時**反對**，卻又同時如此**明智**。

生物科技支持者與行動份子生活世界的互動，大大影響了運動本質，部分原因是這樣的角力，影響了支持者在特定時間點達成的妥協。換言之，行動份子與科技支持者的生活世界，決定了兩者同意或退讓的空間，以及在某些時間點上，完全沒有協商餘地的立場。舉例來說，生物科技爭論中，智慧財產權代表了衝突核心。產業參與者相信，財產保護對於創新相當重要。相對的，行動份子則將智慧財產權視為不利推動公共利益，

8 我們並沒有將此觀點與理性行動互相抗衡。我們的論點是，所有理性行為都和文化密不可分。

違反他們深信的價值觀，也就是生命本身不該臣服於私有財產權。因此，這就是一個雙方都不可能，也不會妥協的觀點。除非生物科技能和私有財產權撇清關係，否則這種衝突就不可能有解決的一天。社會運動理論學者從中學習到的經驗，是了解雙方的生活世界，可以讓我們得知不少相關資訊，以及在此過程中，什麼能協商，什麼又是不能協商的。

因此，重要的是認知到，不同生活世界形塑社會運動的角色將隨時間改變，因為衝突的領域和條件，也都改變了。這種改變，部分源於衝突本身的力量，但也可能來自外在環境的改變，諸如政治聯盟的重大轉變，或是一項策略商品的全球市場價格削減。不可避免，適應這種改變的能力，和行動份子或產業支持者的生活世界息息相關。這些成員的生活世界，同樣也將持續影響他們造成社會改變時所扮演的角色。譬如若行動份子死守特定的世界觀，會使得一個團體地位下降，或使得該團體的論述，變得較欠缺說服力，抑或兩者皆是。這也許就是反生物科技運動如今面臨的狀況。儘管行動份子對特定觀點的固執承諾，多數時候都有用，二〇〇五年後，生物科技的政治與經濟氣候轉變，生物科技應用的科學資訊也逐漸增加。運動曾經的優點——對於特定觀點與宣言的有力承諾——也成為了弱點，因為在**任何**情況下，行動份子都不認為農業生物科技可能有益[9]。若說運動的明顯成就之一，是協助拓展農業的未來，那麼這麼做，卻可能限制了這樣的能力。行動份子與科技支持者，如何解讀並回應這些新機會，是決定未來的關鍵因素。

9 這邊提到的弱點，反映在歐陸對基改生物的後妥協，條件是基改與非基改作物，必須和平共處。歐洲的反生物科技運動，堅持任何情況下都不應種植基改作物，因此運動同時，也失去了他們對於某些（或說在壓力之下）尋求溫和立場的歐盟執政者的影響力。然而，運動始終不放棄在政策面保有影響力。

致謝

撰寫本書時，瑞秋與我分別在不同城市工作。因此，本書的研究、寫作得以順利完成，要感謝的人太多。首先，謝謝所有行動份子、生物科技業界人士、科學家、學者，慷慨答應我們訪問相關工作的要求。我們由衷感謝您無私分享經驗、見解與觀點，讓我們更了解生物科技的相關爭議。

本書內容參考許多前人心血。一時難以列出完整的感謝名單，在此我們特別要感謝兩位前輩的研究——傑克・克洛彭柏格先生（Jack Kloppenburg Jr.），對商業化種子的分析，深深影響了我們對資本主義農業的看法。道格・麥克亞當先生（Doug McAdam），一位優秀的社會運動實踐者與理論家。他的研究加深了我們對生物科技產業的理解——這項新興產業是生物科技爭議的主要因素。

我們兩人都還在伊利諾大學社會學系任教時，開始撰寫本書。社會學系的朋友和同事，給予我們許多鼓勵和意見。Zsuzsu Gille、Michael Goldman、Zine Magubane、Anna-Maria Marshall、Faranak Miraftab、Tom Bassett、Kathryn Oberdeck、Ken Salo、John Lie等

人；Dana Rabin、Nancy Abelmann、Ingrid Melief的支持，對瑞秋來說格外重要，她特別想感謝Faranak Miraftab，每每她回伊利諾，都熱情提供她住所，分享彼此生活點滴，關於愛和孩子的種種，並以伊朗美食溫暖瑞秋的胃。

自那時起，我們的研究工作，深受一些偏遠地區朋友的滋潤，因而得以成長、茁壯：布魯明頓（Bloomington）、伊利諾、明尼阿波利斯（Minneapolis）、明尼蘇達等地的朋友；耶魯大學農業研究計畫的朋友；夸祖魯-納塔爾大學（the University of KwaZulu-Natal）發展研究學院的朋友等等。在明尼蘇達大學時，瑞秋有幸與Jennifer Pierce、Lisa Park、Teresa Gowan等人一同參與寫作工作坊：他們三人對這項計畫貢獻良多，我們深深致謝。Teresa打從瑞秋初到明尼阿波利斯，便持續不斷付出友情，提供瑞秋寫作靈感及精神支持。Ron Aminzade是和我們交情相當好的朋友、同事，也是明尼蘇達大學社會學系主任。感謝他一直以來的幫忙、參與，還有可貴的幽默感。同時，我們也感謝明尼蘇達大學全球研究機構的Evelyn Davidheiser與Klaas Van Der Sanden；社會學系的Mary Drew、Ann Miller、Chris Uggen，給予我們充滿支持的工作環境；謝謝瑞秋農食品閱讀小組的同伴，特別是Valentine Cadieux、Rachel Slocum、Tracey Deutsh、Jerry Shannon、Joaquin Contreras、Ursula Lang，謝謝你們，針對本書前言給予寶貴建議。Jerry Shannon以他的編輯專業，為我們修改幾個章節的手稿，在此誠摯獻上謝意。自從瑞秋於一九九七年認識了Anne Kapuscinski，Anne就成了我們完成此書不可多得的好幫手。

威廉在伊利諾衛斯理大學（Illinois Wesleyan University）執教時，很幸運遇見了一群好同事，從不吝嗇提供我們對食物、健康與環境永續的專業知識，從旁協助我們的研究工作，協助我們爬梳論點。特別要向Irv Epstein、Rebecca Gearhart、Abigail Jahiel與Chuck Springwood致謝。Regina Linsalata是國際研究學程計畫執行者，特地空出寶貴的工作時間，參與研究。Patrick Beary與Mike Feeney也給予我們重要支持，他們以絕佳的好脾氣和耐心，替我們找出不夠清楚的數據資料。

研究期間，威廉受到南非夸祖魯-納塔爾大學發展研究學院熱情款待。我們由衷感謝發展研究學院院長，Vishnu Padayachee先生，在威廉幾次訪問時不吝提供住所，讓他以研究助理員身分，進行研究。Imraan Valodia慷慨讓出辦公室和藏書豐富的圖書館，還有Glen Robbins、Caroline Skinner及Dori Posel，提供研究意見與新的資訊來源。感謝Harald Witt，好心與我們分享他在馬卡哈西尼平原種植小規模棉花田的心得。實在很難再有比這些更好的研究環境了。

還有好幾位朋友，在不同時間回饋給我們的意見，十分受用。Ron Herring、Joost Jongerden、Guido Ruivenkamp、Wietse Vroom等人，於早期研究階段給予的善意批判，協助我們修正對生活世界的概念。Tom Bassett和我們在伊利諾中部玉米田長跑時，互相交換對非洲生物科技的觀點。感謝他的友情，協助研究順利進展。也謝謝Daniel Kleinman、Scott Frickel、Jim Saliba，他們對幾個特定章節的建議，幫助很大。Robert Archer教授針對生物科技產業一章，提出相當具體的批判解讀，為我們澄清了好幾項要點。瑞秋的嫂嫂Kate Dunnigan，是我們的好朋友，更是一位淵博的史學家與編輯；她自己也有工作要顧，卻還是大方貢獻聰明才智，閱讀我們的手稿，把稿子修得更臻完善。瑞秋的研究所同學Susan Pastor，仔細閱讀、編修其中幾個章節，我們感激不盡。Sue也同意我們調閱她珍藏的個人資料——一九八〇年代晚期，在威斯康辛麥迪遜舉辦的反牛生長激素運動相關資料。

少了有關機構的大力支持，漫長的研究計畫，不可能有完工的一天。我們特別感謝伊利諾大學研究團隊，贊助我們的計畫；伊利諾衛斯理大學教職員發展計畫；明尼蘇達大學人文學院、全球研究機構及社會學系。瑞秋領取耶魯大學農業研究計畫，以及明尼蘇達大學進修研究機構經費——兩者皆賦予她充分時間，在能刺激思考的學術環境中，盡情寫作。對此我們深表感謝。謝謝Vicki Bierman，細心謄錄我們的訪談。

Andrew Szasz耐心讀完整份手稿，給予我們意見，使論點更加有力。明尼蘇達大學出版社的Jason Weidemann，同樣付出極大的耐心，將整本書付梓。謝謝他們。

最後，感謝我們親愛的家人，沒有你們，這本書不可能完成。瑞秋的兄弟Josh與

Paul、嫂嫂Kate，讓她在造訪羅德島時開懷大笑。另一位嫂嫂Barbara，盛宴款待瑞秋，陪伴她，提供我們（不可或缺的）網路。瑞秋的雙親Bertha和Bernard Schurman，總是以滿滿的愛、溫暖與智慧支持我們。遺憾的是，兩位慈祥的長者，都沒來得及等到這本書問世。然而我們深深明白，他們的精神，將永遠與我們同在。Bertha總是以她無窮盡的活力和精神，鼓舞家人與朋友；她讓我們看到了暇滿人生的真諦。在南非德班，威廉意志力驚人的母親，對我們的研究始終抱持高度熱忱和興趣。她總是慷慨招待絡繹不絕的親友與訪客。她的盛情，使我們每次的造訪都歡樂難忘。

我們幸運無比，擁有支持我們工作的另一半——麥可・古德曼（Michael Goldman）與凱西・歐貝德克（Kathy Oberdeck）。兩位對我們長期以來頻繁的電話、網路聯繫，以及三不五時為了趕工而「入侵」彼此家庭，都絲毫沒有怨言。麥可和凱西甚至自願接手繁瑣的家事，好讓我們能專心工作。我們相當期待未來他/她們進行自己的研究時，我們也能成為「賢內助」。

也要感謝孩子們：娜蒂雅、艾里、費歐娜、卡拉，為生活帶來無盡歡樂，容忍我們分心工作、不時出差在外。食物的未來，同時也是他/她們的未來。願我們為這本書付出的一切努力，帶來新的契機。這本書獻給他/她們。

附錄、資料來源

本書參考資料來源眾多。二〇〇〇年至〇七年，我們深度訪談八十幾位行動份子、科學家、企業執行長與其他許多相關人士。其中將近四分之三是個人訪談，其餘則透過電話進行。除了幾項例外，我們一律將訪談錄音並抄錄下來。訪談地點遍及世界各地，包括美國、歐洲、南非及印度。

另一項重要的資料來源，則是全球關於基改生物議題的媒體報導。新聞報紙和雜誌是最常見的兩種媒體，但我們同樣也必須仰賴不同領域的專家，或是相關資訊的「貿易」雜誌，諸如《化學化工新聞》（*Chemical and Engineering News*）、《科學》期刊、《自然生物科技》雜誌（*Nature Biotechnology*）、《三角洲農場新聞》（*Delta Farm Press*）、《基因監督》（*Gene Watch*）、《食品商》（*the Grocer*）等報章雜誌。絕大部分關於農業生物科技的新聞，由世界各地非營利組織有系統地報導，可以透過網路訂閱閱讀。其中兩個我們十分認真閱讀的報導來源，是明尼蘇達州明尼阿波利斯市農業與貿易政策研究院，以及由歐洲基因工程網絡提供新聞與資訊的GENET。我們將這些資訊與行動份子、產業和政府網站資訊結合，包括年度報告與其他報告、政策與立場宣言、新聞報導和新聞稿。

同時，我們也參考了一些二次文獻，像是丹尼爾・查爾斯（Daniel Charles）的《豐收之主》（*Lords of the Harvest*）、貝琳達・瑪丁尼歐（Belinda Martineau）針對生物科技新創公司卡爾京（Calgene）的內部分析、德瑞克・普度（Derrick Purdue）早期對歐洲反生物科技運動的研究，還有雷斯・雷維多（Les Levidow）與同事聯手撰寫，關於歐陸生物科技發展的優秀作品。

最後，我們於六場行動份子與產業會議中，進行「參與觀察」（Participant observation），分別在美國首府華盛頓（二〇〇一年十月）；麻省諸塞州愛姆赫斯特（二〇〇二年十一月）；密蘇里州聖路易斯市（二〇〇三年六月，兩場會議緊接著進行）；伊利諾州厄巴納市（二〇〇四年四月），以及德國柏林（二〇〇五年一月）。其中三場會議由行動份子主辦，兩場由生物科技業界舉行，一場則由大學主辦。這些場合給予我們寶貴的機會，聆聽、觀察並與生物科技議題相關的各層人士談話，啟發了我們一些見解與理論觀點。

國家圖書館出版品預行編目(CIP)資料

把「吃什麼」的權力要回來 / 瑞秋.舒曼(Rachel Schurman), 威廉.孟若(William A. Munro)著 ; 池思親譯. -- 一版. -- 臺北市 : 臉譜, 城邦文化出版 : 家庭傳媒城邦分公司發行 , 2014.06

面 ;　公分. -- (臉譜書房 ; FS0034)

譯自 : Fighting for the future of food : activists versus agribusiness in the struggle over biotechnology

ISBN 978-986-235-365-3(平裝)

1.農業生物學 2.生物技術 3.基因改造食品

430.1635　　103009262

臉譜書房 FS0034

把「吃什麼」的權力要回來：
掰掰孟山都，世界公民的糧食覺醒運動

Fighting for the Future of Food:
Activists versus Agribusiness in the Struggle over Biotechnology

作　　者　瑞秋・舒曼（Rachel Schurman）&威廉・孟若（William A. Munro）
譯　　者　池思親
編輯總監　劉麗眞
主　　編　陳逸瑛
編　　輯　賴昱廷
行銷企畫　陳彩玉、陳玫潾、蔡宛玲
發 行 人　凃玉雲
出　　版　臉譜出版
城邦文化事業股份有限公司
台北市民生東路二段141號5樓
電話：886-2-25007696　傳眞：886-2-25001952
發　　行　英屬蓋曼群島商家庭傳媒股份有限公司城邦分公司
台北市中山區民生東路二段141號11樓
客服服務專線：02-25007718；25007719
24小時傳眞專線：02-25001990；25001991
服務時間：週一至週五上午09:30-12:00；下午13:30-17:00
劃撥帳號：19863813　戶名：書虫股份有限公司
讀者服務信箱：service@readingclub.com.tw
城邦網址：http://www.cite.com.tw
香港發行所　城邦（香港）出版集團有限公司
香港灣仔駱克道193號東超商業中心1樓
電話：852-25086231或25086217　傳眞：852-25789337
E-mail：hkcite@biznetvigator.com
新馬發行所　城邦（新、馬）出版集團
Cite（M）Sdn. Bhd.（458372U）
41, Jalan Radin Anum, Bandar Baru Sri Petaling,
57000 Kuala Lumpur, Malaysia.
電話：603-90578822　傳眞：603-90576622
E-mail：cite@cite.com.my
一版一刷　2014年06月
城邦讀書花園
www.cite.com.tw
ISBN　978-986-235-365-3

售價：360元
（本書如有缺頁、破損、倒裝、請寄回更換）